国家重点基础研究发展计划(973 计划)项目 (2006CB403401)
国家自然科学基金面上项目(51279208、71273153)
国家自然科学基金青年项目(51409275)
中国水利水电科学研究院专项(ZJ1224)
财政部“节水型社会建设”专项（水综节水[2006]50号）
中国工程院咨询项目(2014—xy—11—4)
资助

“十二五”国家重点图书出版规划项目

国家出版基金项目
NATIONAL PUBLICATION FOUNDATION

海河流域水循环演变机理与水资源高效利用丛书

海河流域城市水循环模式

王　浩　褚俊英　栾清华
刘　扬　高学睿　秦　韬　等著

科学出版社
北　京

内 容 简 介

本书选取人类活动最为集中、面临的水问题最为典型以及社会经济发展战略地位最为突出的海河流域作为研究对象，系统总结了其城市水循环的机理、模式及其典型应用。在阐述水对城市的服务功能以及城市化对水循环影响的基础上，针对海河流域城市化特征以及城市水循环特征，分析了城市典型用耗水单元耗水规律及其影响因子；以城市水循环中的耗用过程为关键点，构建了海河流域城市二元水循环模式及概念性模型；利用此模式开展了流域不同类型城市水循环的实证研究，并对典型环节进行了案例分析，在此基础上，研发了城市区域水文过程分布式模型，并对海河流域的蒸散发过程进行精细化模拟分析。

本书可供水文水资源、水利水电及生态环境等部门的政府管理人员，以及相关的规划设计与工程建设的专业技术人员，高等院校水文水资源、水利水电及生态环境相关专业的教师、学生，以及关心中国水资源问题及其解决对策的企业、无政府组织和社会公众参考。

图书在版编目(CIP)数据

海河流域城市水循环模式 / 王浩等著．—北京：科学出版社，2016.1

（海河流域水循环演变机理与水资源高效利用丛书）

“十二五”国家重点图书出版规划项目

ISBN 978-7-03-045573-4

Ⅰ. 海…　Ⅱ. 王…　Ⅲ. 海河-流域-城市用水-水循环系统-研究

Ⅳ. TU991.31

中国版本图书馆 CIP 数据核字（2015）第 208812 号

责任编辑：李　敏　吕彩霞 / 责任校对：李　影

责任印制：肖　兴 / 封面设计：王　浩

科学出版社 出版

北京东黄城根北街 16 号

邮政编码：100717

http://www.sciencep.com

中国科学院印刷厂 印刷

科学出版社发行　各地新华书店经销

*

2016 年 1 月第　一　版　开本：787×1092　1/16

2016 年 1 月第一次印刷　印张：12 1/4　插页：2

字数：500 000

定价：90.00 元

（如有印装质量问题，我社负责调换）

总　　序

流域水循环是水资源形成、演化的客观基础，也是水环境与生态系统演化的主导驱动因子。水资源问题不论其表现形式如何，都可以归结为流域水循环分项过程或其伴生过程演变导致的失衡问题；为解决水资源问题开展的各类水事活动，本质上均是针对流域“自然–社会”二元水循环分项或其伴生过程实施的基于目标导向的人工调控行为。现代环境下，受人类活动和气候变化的综合作用与影响，流域水循环朝着更加剧烈和复杂的方向演变，致使许多国家和地区面临着更加突出的水短缺、水污染和生态退化问题。揭示变化环境下的流域水循环演变机理并发现演变规律，寻找以水资源高效利用为核心的水循环多维均衡调控路径，是解决复杂水资源问题的科学基础，也是当前水文、水资源领域重大的前沿基础科学命题。

受人口规模、经济社会发展压力和水资源本底条件的影响，中国是世界上水循环演变最剧烈、水资源问题最突出的国家之一，其中又以海河流域最为严重和典型。海河流域人均径流性水资源居全国十大一级流域之末，流域内人口稠密、生产发达，经济社会需水模数居全国前列，流域水资源衰减问题十分突出，不同行业用水竞争激烈，环境容量与排污量矛盾尖锐，水资源短缺、水环境污染和水生态退化问题极其严重。为建立人类活动干扰下的流域水循环演化基础认知模式，揭示流域水循环及其伴生过程演变机理与规律，从而为流域治水和生态环境保护实践提供基础科技支撑，2006 年科学技术部批准设立了国家重点基础研究发展计划（973 计划）项目“海河流域水循环演变机理与水资源高效利用”（编号：2006CB403400）。项目下设 8 个课题，力图建立起人类活动密集缺水区流域二元水循环演化的基础理论，认知流域水循环及其伴生的水化学、水生态过程演化的机理，构建流域水循环及其伴生过程的综合模型系统，揭示流域水资源、水生态与水环境演变的客观规律，继而在科学评价流域资源利用效率的基础上，提出城市和农业水资源高效利用与流域水循环整体调控的标准与模式，为强人类活动严重缺水流域的水循环演变认知与调控奠定科学基础，增强中国缺水地区水安全保障的基础科学支持能力。

通过 5 年的联合攻关，项目取得了 6 方面的主要成果：一是揭示了强人类活动影响下的流域水循环与水资源演变机理；二是辨析了与水循环伴生的流域水化学与生态过程演化的原理和驱动机制；三是创新形成了流域“自然–社会”二元水循环及其伴生过程的综合模拟与预测技术；四是发现了变化环境下的海河流域水资源与生态环境演化规律；五是明晰了海河流域多尺度城市与农业高效用水的机理与路径；六是构建了海河流域水循环多维临界整体调控理论、阈值与模式。项目在 2010 年顺利通过科学技术部的验收，且在同批验收的资源环境领域 973 计划项目中位居前列。目前该项目的部分成果已获得了多项省部级科技进步一等奖。总体来看，在项目实施过程中和项目完成后的近一年时间内，许多成果已经在国家和地方重大治水实践中得到了很好的应用，为流域水资源管理与生态环境治理提供了基础支撑，所蕴藏的生态环境和经济社会效益开始逐步显露；同时项目的实施在促进中国水循环模拟与调控基础研究的发展以及提升中国水科学研究的国际地位等方面也发挥了重要的作用和积极的影响。

本项目部分研究成果已通过科技论文的形式进行了一定程度的传播，为将项目研究成果进行全面、系统和集中展示，项目专家组决定以各个课题为单元，将取得的主要成果集结成为丛书，陆续出版，以更好地实现研究成果和科学知识的社会共享，同时也期望能够得到来自各方的指正和交流。

最后特别要说的是，本项目从设立到实施，得到了科学技术部、水利部等有关部门以及众多不同领域专家的悉心关怀和大力支持，项目所取得的每一点进展、每一项成果与之都是密不可分的，借此机会向给予我们诸多帮助的部门和专家表达最诚挚的感谢。

是为序。

海河 973 计划项目首席科学家
流域水循环模拟与调控国家重点实验室主任
中国工程院院士

2011 年 10 月 10 日

序

城市是人类活动最为频繁的区域。随着我国城市化进程的不断加剧，加上自然、社会等多种因素的综合影响，我国城市水循环的过程与结构极其复杂。海河流域在我国有着举足轻重的战略地位，是我国城市建设历史悠久、受强人类活动扰动程度剧烈的流域。该流域城市水循环的自然属性和社会属性具有鲜明的特点，特别受到南水北调等水资源配置重大工程的影响，其城市水循环的过程与结构颇具典型性和代表性。以海河流域为典型区域，研究城市水循环的模式与特征，对于提升我国城市水系统的公平、效率和可持续性具有重要的现实意义。

本书的研究成果紧密结合海河流域城市及其水资源开发利用的基本特征，从“自然—社会”二元水循环的视角出发，在机理、模式、规律、评价以及模型等多个方面对海河流域城市水循环进行了系统的研究分析。该书的特点体现在如下方面：一是借助统计调查与遥感分析等综合分析技术，从城市水循环的通量、结构和参数等方面研究了城市水循环总体以及分环节的演变规律；二是以水在城市中的服务功能为基础，分析了典型主体的用耗水规律及其主要驱动因素；三是探索性地提出了面向服务功能、以耗用水为中心的城市水循环模式与概念性通式，注重了多个环节、多个要素的关联和耦合，揭示了城市水循环的演变阶段与结构特征；四是综合社会、经济、资源等多个层面的主要指标，对海河流域的城市水循环过程进行了聚类分析，并选取典型案例进行了详细的实证分析；五是开展了城市水循环健康诊断和评价，为城市水循环的科学调控提供了基础；六是创新研发了分布式的城市水文模型，并对典型城区的蒸散发过程进行了定量模拟，为城市水循环的精细化调控提供了有力的支撑。

本书研究基础扎实、数据翔实，对于促进我国城市水循环的机理研究、模式识别与典型应用具有一定指导意义和参考价值。本研究成果对于我国形成高强度人类活动下城市水循环的理论与方法学体系、实现城市水循环的多学科融合具有重要的推动作用。

中国工程院院士 张建云

2015 年 8 月

前　言

城市是人口、财富及其文明的集中地，是社会经济发展最活跃的区域。作为我国城市人类活动、城区建设及经济开发历史最早的流域之一，海河流域的农村人口不断向城市集聚，城市化进程不断推进，2007 年流域城市人口约 6500 万人，城市化率达到 47.6%。流域内现有 35 座大中城市，并有多个人口上千万的特大型城市，在我国的政治经济中具有十分重要的地位。

城市水资源开发与利用在流域社会水循环中起到至关重要的作用，是流域水循环宏观整体高效利用调控的重要环节。突出表现在如下方面：一是城市发展对自然水循环产生强烈扰动，具体表现为城市化下垫面的变化、雨水管网与渠道的形成对自然水循环要素（如入渗、径流、蒸发和降水等）产生影响；二是城市发展直接导致城市社会水循环的形成，即城市水基础设施的建设与发展，形成了城市社会水循环系统（包括供水、用水、耗水和排水等多个环节的有机系统）。

随着城市化进程的推进和城市系统的不断发展，城市社会水循环的结构、通量、过程及其次生效应不断发生演化，从而带来一系列水问题，突出表现在以下几个方面：一是城市社会水循环通量的扩大引发供水安全保障形势日益严峻，特大型城市人口的扩大和产业规模的发展使得用水总量持续扩大，保证率也需要不断提高，导致水资源供需矛盾日趋尖锐，一些城市不得不一再扩大范围寻求距离更远的水源以保障城市日益增长的用水需求。二是城市单元水文循环演变导致内涝灾害问题严峻，城市热岛效应造成的雨岛效应，增加了短时强降水发生的概率；不透水面增加、河道挤占、湿地减少等下垫面变化改变了城市单元的产汇流特性，加之城市内外排水系统的不匹配，造成城市内涝问题日益突出。三是城市生态系统失衡与水环境问题突出，多数城市内河、城市下游河段为严重污染的河段，城市水生态系统的服务功能严重受损，城市社会水循环通量的扩大能否确保供水安全保障形势，城市水文循环演变能否有效规避内涝灾害，城市污染负荷排放能否减少对水生态系统的扰动成为国内外研究的热点与难点。如何公平、有效地实现城市的供水、用水、污水、雨水的一体化的管理，已成为世界各国面临的复杂而艰巨的任务。

长期以来，我国城市水基础设施建设取得了长足的发展，但基本沿袭了发达资本主义国家传统给排水系统建设的思路，越来越暴露出诸多弊端，需要从城市水循环系统全新的视角重新审视。本书从“自然–社会”二元水循环的视角出发，实现城市水循环多环节、多要素的系统耦合，对于形成高强度人类活动下城市水循环的基本理论与方法学体系，推动城市水循环的多学科交叉融合，促进城市水循环的优化调控，具有重要的理论和现实意义。

本书是在国家重点基础研究发展计划（973 计划）“海河流域水循环演变机理与水资源高效利用”（2006CB403401）、国家自然科学基金面上项目（51279208、71273153）和青年项目（51409275）、中国水利水电科学研究院专项（ZJ1224）、中国工程院咨询项目（2014-xy-11-4）、财政部“节水型社会建设”专项（水综节水［2006］50 号）的共同资助下，由中国水利水电科学研究院、河北工程大学、海河水利委员会等单位的研究人员共同参与和编写完成。各章节参编人员为：第 1 章由王浩、栾清华、桑学锋、杨朝晖撰写；第 2 章由刘扬、褚俊英、秦韬、严子奇撰写；第 3 章由褚俊英、张世禄、牛存稳、何亚闻撰写；第 4 章由褚俊英、刘扬、周祖吴、张世禄撰写；第 5 章由栾清华、郭迎新、刘扬、张海行撰写；第 6 章由刘扬、徐鹤、陈根发撰写；第 7 章由栾清华、秦韬、张海行撰写；第 8 章由高学睿、刘家宏、户超撰写；第 9 章由栾清华、秦韬、高学睿撰写。全书由栾清华、褚俊英、刘扬统稿。

在本书研究和写作过程中，得到了海河水利委员会、北京市水务局、天津市水务局、河北省水利厅、邯郸市水利局、唐山市水务局、承德市水务局等有关单位的大力支持和帮助，在此表示衷心的感谢。

限于水平和编写时间仓促，书中不妥之处在所难免，敬请广大读者不吝批评指正。

编　者

2015 年 3 月于北京

目　　录

第 1 章 海河流域城市化发展及其对水循环影响

城市化是城市人口不断增加、城区面积不断扩大、城市系统功能不断复杂化的一个动态过程。自工业革命以来，随着社会经济高速发展，这一过程不断加剧，对自然水循环的扰动也逐渐增强，使得城市水循环逐渐成为社会水循环的一个相对独立的典型代表性单元。而城市化程度越高，其“取水—供水—用水—耗水—排水”的社会水循环过程就越显著，因此城市化发展对水循环影响分析是“自然-社会”二元水循环的重要内容。海河流域是北方城市化程度较高的区域，评价城市化对流域通量、水体水质、产汇流规律等水循环要素，关键子过程及其伴生过程的影响是研究整个海河流域“自然-社会”二元水循环的切入点，也是剖析海河流域“自然-社会”二元水循环机理、构建流域城市水循环模式及模型的重要前提。

1.1 海河流域城市发展现状

城市是人类活动最为强烈的地区，是人口、财富及其文明的集中地，是社会经济发展最活跃的区域（Zhang，2001），其水资源开发与利用在流域社会水循环中起到至关重要的作用，城市水循环的效率关系到整个流域水循环系统稳定性、再生性的维系，以及社会、经济、生态、环境服务功能的实现，是流域水循环宏观整体高效利用调控的重要环节（褚俊英和陈吉宁，2009）。从本质上看，城市化是一种空间集聚，其意义就在于通过人口的集聚带动其他要素的集聚，产生结构性改善和功能性提高的综合效应。从人类社会经济发展过程来看，城市化又是必然要经历的阶段，是社会进步的标志。城市化发展阶段不同，其水循环反映的特征不同。因此，剖析城市发展现状是研究城市水循环重要的前置内容。

海河流域位于 112°E ~ 120°E 和 35°N ~ 43°N，西以山西高原与黄河流域接界，北以蒙古高原与内陆河接界，南界黄河，东临渤海，总面积 31.8 万 km^2，占全国总面积的 3.3%。流域的行政区划包括北京市、天津市两市全部，河北省绝大部分，山西省东部，河南省和山东省北部，内蒙古自治区和辽宁省的小部分。海河流域城市发展现状具有如下六大特征。

1.1.1 海河流域城市众多且人口密集

海河流域的城市众多，在我国政治经济中的地位十分重要，流域内有我国首都北京市、华北地区工业基地与商业中心天津市，以及石家庄市、唐山市、秦皇岛市、廊坊市、张家口市、承德市、保定市、邯郸市、邢台市、沧州市、衡水市、大同市、朔州市、忻州市、阳泉市、长治市、安阳市、新乡市、焦作市、鹤壁市、濮阳市、德州市、聊城市等共 35 座大中城市。截止 2005 年海河流域总人口 1.33 亿，占全国人口的 10.2%，其中城镇人口 5545 万，城镇化率 41.6%。2005 年平均人口密度 415 人/km^2。

1.1.2 海河流域分布有世界级超大城市

依据 Marshall 于 2005 年发表在 *Nature* 上的研究（Marshall，2005），世界上人口超过 1000 万的超级城市或大都市（megacities），2003 年有 20 个，其中北京市排在第 16 位，到 2015 年有 22 个（北京市排在第 20 位），详见表 1-1。2008 年，海河流域内人口上千万的超级城市有 3 个，即北京市、天津市和保定市（有 18 个县），2008 年城市总人口分别为 1695 万人、1176 万人和 1092 万人，城镇人口上千万的仅 1 个，即北京市，城镇人口为 1439 万人，天津市城镇人口达 908.2 万人，仅次于北京市城镇人口的规模。海河流域 20 个主要城市的城镇人口及城镇化率的分布如图 1-1 所示。可知，城镇人口最少的是鹤壁市和阳泉市，城镇人口分别为 69.7 万人和 77.2 万人，其余城市的城镇人口数量均超过 100 万人。

表 1-1　世界上人口超过 1000 万人的超级城市及其人口数量

年份	城市及其人口/百万
1975	东京（26.6）、纽约（15.9）、上海（11.4）、墨西哥城（10.7）
2003	东京（35.0）、墨西哥城（18.7）、纽约（18.3）、圣保罗（17.9）、孟买（17.4）、新德里（14.1）、加尔各答（13.8）、布宜诺斯艾利斯（13.0）、上海（12.8）、雅加达（12.3）、洛杉矶（12.0）、达卡（11.6）、大阪/神户（11.2）、里约热内卢（11.2）、卡拉奇（11.1）、北京（10.8）、开罗（10.8）、莫斯科（10.5）、马尼拉（10.5）、拉各斯（10.1）
2015	东京（36.2）、孟买（22.6）、新德里（20.9）、墨西哥城（20.6）、圣保罗（20.0）、纽约（19.7）、达卡（17.9）、雅加达（17.5）、拉各斯（17.0）、加尔各答（16.8）、卡拉奇（16.2）、布宜诺斯艾利斯（14.6）、开罗（13.1）、洛杉矶（12.9）、上海（12.7）、马尼拉（12.6）、里约热内卢（12.4）、大阪/神户（11.4）、伊斯坦布尔（11.3）、北京（11.1）、莫斯科（10.9）、巴黎（10.0）

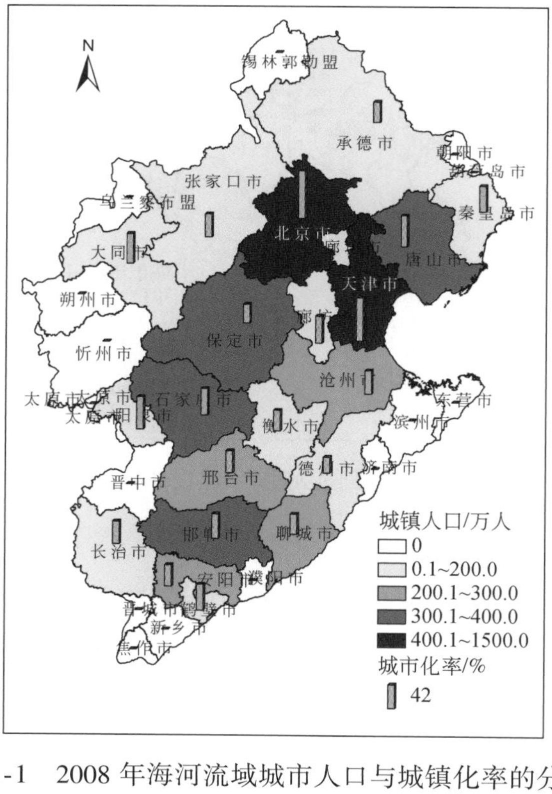

图 1-1　2008 年海河流域城市人口与城镇化率的分布

1.1.3 海河流域城镇用地主要分布在平原地区

基于 GIS 的海河流域城镇建设用地（指大、中、小城市及县镇以上建成区用地）主要集中在京津平原地区和水资源条件相对较好的山前平原，如图 1-2 所示。经计算，海河流域城市建设用地面积为 0.76 万 km^2，占整个流域面积的 2.4%。

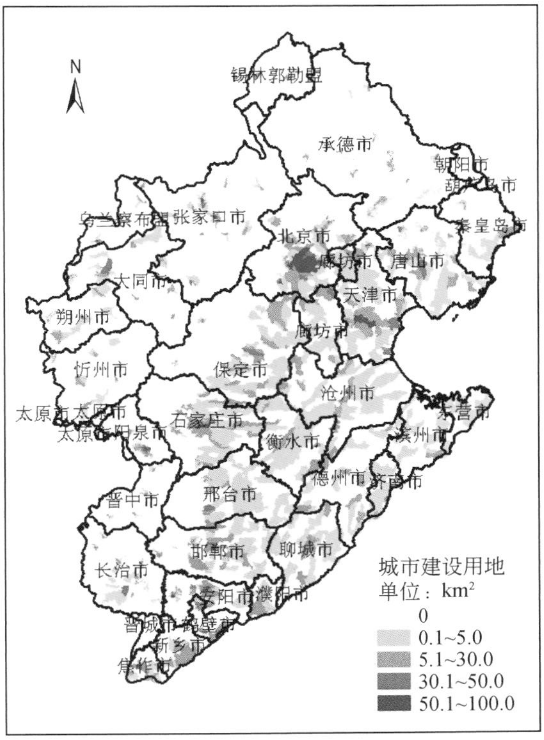

图 1-2 海河流域城市建设用地分布

1.1.4 海河流域形成以京津冀都市圈为核心的城市群

京津冀都市圈是正在崛起的中国经济增长的第三极，主要包括以北京市和天津市为中心，囊括河北省的石家庄市、唐山市、秦皇岛市、保定市、张家口市、沧州市、廊坊市和衡水市八座城市的区域，是我国的政治、文化中心和曾经的近代中国经济中心（周立群，2007），是海河流域社会经济发展中心（图 1-3），这块区域形成强大的辐射作用，带动了周边城市的快速发展。其中，北京市、秦皇岛市是以第三产业为主的城市，第三产业增加值比例分别占到 GDP 的 73.2% 和 48.2%，其余城市以第二产业为主；周边城市第二产业增加值比例最高的是鹤壁和长治，分别高达 65.8% 和 63.5%。

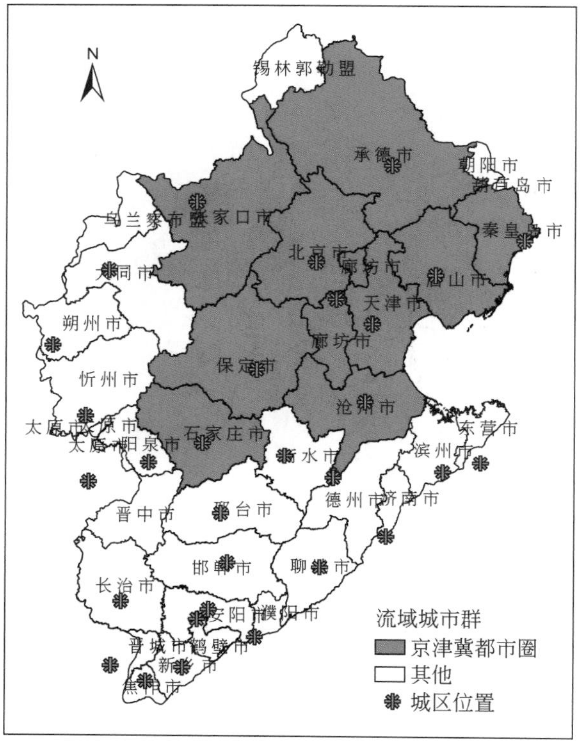

图 1-3　海河流域分布的京津冀城市圈

1.1.5　海河流域分布的城市是我国环渤海地区的主要组成部分

随着我国长江三角洲、珠江三角洲两大重要经济发展区的不断壮大，环渤海地区作为第三大战略引擎，成为国家发展政策关注的重点地区，具有巨大的经济发展潜力。环渤海地区由沿渤海的 13 个城市组成，其中有 6 个位于海河流域，即秦皇岛市、唐山市、天津市、沧州市、滨州市、东营市，如图 1-4 所示。

这六大城市的面积、人口和 GDP 三项指标占环渤海地区的比例分别为 41%、39% 和 46%。

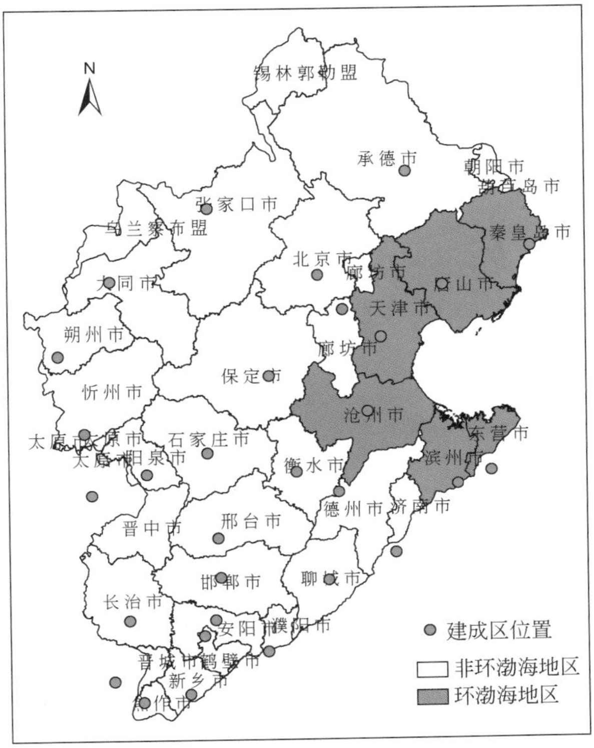

图 1-4　海河流域主要城市建成区位置及环渤海范围

1.1.6　海河流域分布的城市是我国重要的产业基地和贸易区

海河流域分布的城市是我国重要的钢铁工业基地、能源化工基地、重要港口以及高新技术产业集群，具体如下所述。

1.1.6.1　钢铁工业基地

2009 年主要城市钢铁生产量约 2.6 亿 t，占全国生产总量的 45%，其中，河北省生产总量连续九年位居全国之首，北京市、天津市、太原市、邯郸市和安阳市分布有年产量 100 万 t 以上的钢铁企业，如首都钢铁公司、天津各钢厂及唐山钢铁公司等。

1.1.6.2 能源化工基地

2009 年主要城市煤炭生产总量约 6.47 亿 t，占全国生产总量的 21%，其中涉及山西省的大同市、朔州市、忻州市、阳泉市、长治市等地区煤炭总量约 5 亿 t，占山西省的当年煤炭总量的 80%；2009 年流域主要城市化肥生产量约 893.3 万 t，占全国生产总量的 13%；2009 年仅天津市及河北省各市生产的纯碱总量为 282.4 万 t、烧碱 139 万 t、合成氨 320.9 万 t 以及精甲醇 59.6 万 t，分别占全国生产总量的 14.1%、13.4%、6.24%、5.26%。唐山曹妃甸成为我国北方重化工业聚集区。

1.1.6.3 重要港口

流域内有 5 个海岸港口，自北向南分别为秦皇岛港（秦皇岛市）、京唐港（唐山市）、曹妃甸港（唐山市）、天津港（天津市）和黄骅港（沧州市），其中有 4 个分布在河北省境内，2009 年总吞吐量为 8.73 亿 t，占全国海岸港口吞吐量的 18.5%。其中，天津港是全国最大的人工港，2009 年吞吐量突破 3.8 亿 t，位居北方港口第一，全国第五；秦皇岛港是全国最大的煤炭输出港，2009 年吞吐量 2.34 亿 t，出口煤炭占全国沿海港口下水总量的 40% 以上，是我国北煤南运的主要通道；曹妃甸港被誉为钻石级港湾，作为新兴港口，2009 年吞吐量 0.71 亿 t，年增长 122%；黄骅港开发区位于渤海湾弓顶处，是河北省省级经济技术开发区，成立于 1992 年，2009 年吞吐量 0.83 亿 t；京唐港是建立历史较长的港口，早在 1919 年，孙中山先生就有建设“为世界贸易之通路”的“北方大港”的规划，2009 年京唐港吞吐量突破 1 亿 t。

1.1.6.4 高新技术产业集群

随着经济产业改革和调整，城市第三产业迅猛发展，如北京第三产业增加值 2008 年已达 7682.1 亿元，占全国第三产业增加值的 6.4%，第三产业比例由 1978 年的 23.7%，发展到 1993 年的 46.6%，接近第二产业所占比例，并继续提高到 2008 年的 73.2%，第一产业所占比例由 5% 逐步上升到 1990 年的

8.8%，之后缓慢降低到2008年的1%左右，如图1-5所示；此外，天津和其他城市的第三产业也得到了迅速发展。

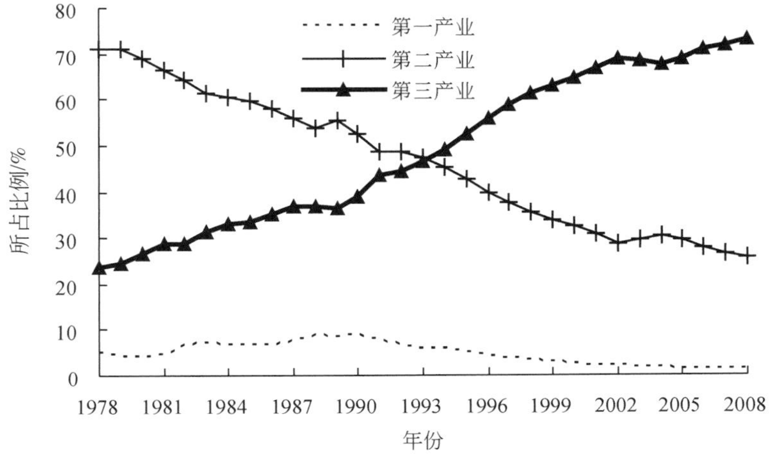

图1-5　北京市三次产业的比例（1978～2008年）

1.2　海河流域城市化的演变历程

城市是人类有史以来最巨大、最复杂的建筑集群。城市化是一个地区人口在城市相对集中的过程，通常受到自然、政治、经济结构、生产力发展水平等诸多因素的影响（Davis，2003；李帅和徐广军，2006）。城市发展过程呈现典型的S形曲线，即当城市化率低于30%时，城市发展速度相对较为缓慢；城市化率在30%～70%时呈加速上升态势，城市范围快速扩张、社会经济发展迅速；当城市化率达到70%后，城市发展速度趋于平稳，城市已基本完成外向型发展，更多进行内部更新。

海河流域是我国城市人类活动、城区建设及经济开发历史最早的流域之一。城市化是海河流域推动社会经济发展的主要动力之一，在工业化的推动下，随着城市数量的增加和城市规模的扩大，海河流域的农村人口不断向城市集聚。1952年流域总人口为0.57亿人（刘宁等，2010），2005年增加了1.3倍，达1.33亿人，如图1-6所示。城镇人口从1952年的0.09亿人发展到2005年的0.55亿人，增加了5.2倍；城镇人口占全国城镇人口的比例，从1952年的 12.6% 缓慢波动下降到 2008 年的 9.9%；城镇化率从 1952 年的 15.8% 增加到 2005 年的 41.6%，略低于 2005 年全国平均水平 43.0% 和世界平均水平 48.7%，如图 1-6、图 1-7 所示。

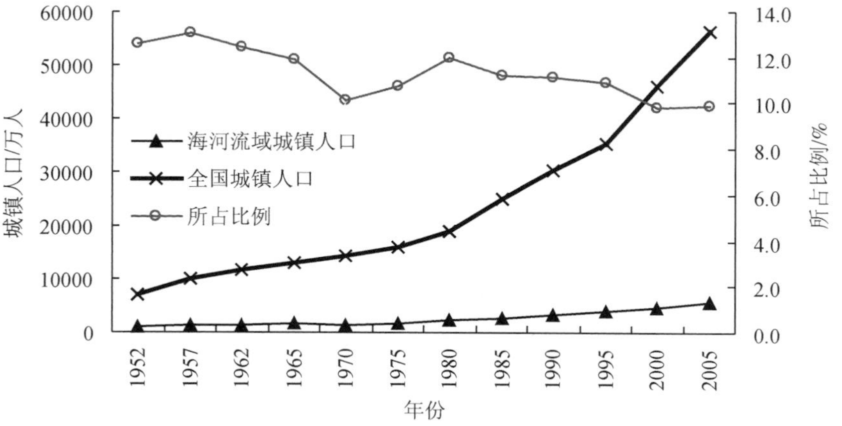

图 1-6 海河流域城镇人口占全国城镇人口比例（刘宁等，2010）

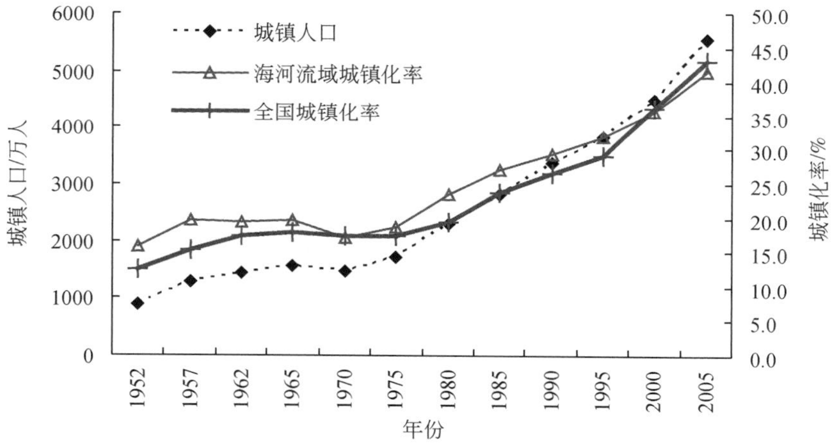

图 1-7 海河流域的城市化进程与全国的对比（刘宁等，2010）

从 50 多年城市发展的历史过程看，海河流域正处于快速城市化的阶段，1952 ~ 1999 年海河流域的城市化水平略高于全国平均水平；2000 ~ 2005 年海河流域的城市化水平略低于全国平均水平。可以说，在全国城市化高速发展的大背景下，海河流域正在经历着一场历史上规模最大、最为剧烈的城市化运动。

1.3 城市化对海河流域水循环的影响

1.3.1 对水循环通量的影响

城市化影响流域水循环通量最为显著的是取用水通量。海河流域城市取用水通量从 1952 年的 8.0 亿 m^3，发展到 2008 年的 93.1 亿 m^3，增大了 10.6 倍；城市取用水占流域取用水的比例从 1952 年的 8.8% 增加到 2008 年的 25.1%。天津市 1997 ~ 2005 年城镇工业和城镇生活地表水和地下水的取用水量变化情况如图 1-8 所示。可知，1999 年是天津市城镇工业和城镇生活取用水量的最高峰，其中地表水达到 9.2 亿 m^3。

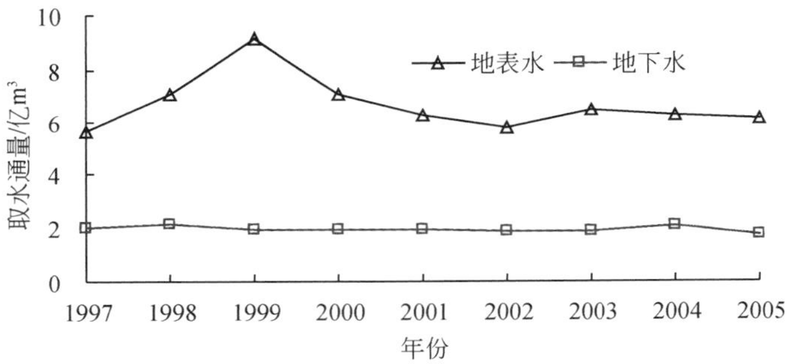

图 1-8 天津市地表水和地下水取用水通量（1997 ~ 2005 年）

海河流域城市取用水减少了地表水的蓄存量，导致河流断流，湖库萎缩甚至干涸等问题。20 世纪 80 年代，海河流域有 21 条河流发生断流，平均断流时间达到 234 天，平均河道干涸总长度为 1922km，占调查河长的 52%。其中，平均断流天数大于 300 天的河道增加到 8 条，永定河、滹沱河、子牙河、漳河、南运河、漳卫新河年平均断流时间超过 340 天，永定河干流、滹沱河、漳河形成长上百千米、宽数千米的干河床。

同时，城市取用水的增大也减少了地下水的蓄存量，加速了地下漏斗的形成。2009 年，海河流域地下水的超采面积分别为浅层地下水 6 万 km^2 和深层地下水 5.6 万 km^2，形成了巨大漏斗，并引发地面沉降等问题。

1.3.2 对河流和地下水质的影响

随着流域城市取用水量的增加，使得流域水循环排水通量相应增加，伴生引发了流域水环境过程的改变，特别是河流和地下水质的改变。

1.3.2.1 城市复合型污染负荷强度大

城市社会经济的迅速发展，造成城市生活和工业污染负荷的大量排放。2000～2008 年天津市、北京市和河北省城市的 COD 排放量，2003～2008 年天津市、北京市和河北省城市的氨氮排放量如图 1-9～图 1-14 所示。可见，自 2000 年以来的 9 年间，北京市 COD 的排放量呈现迅速下降的趋势，其中生活 COD 排放量是城市总 COD 排放量的主体，生活 COD 排放量的下降趋势明显高于工业 COD 的下降趋势；天津市 COD 的排放量呈现波动中缓慢下降的趋势，近几年生活 COD 排放量基本趋平，工业 COD 排放量明显下降，生活 COD 排放量大于工业 COD 排放量。河北省城市 COD 总排放量呈现平缓下降趋势，2007 年生活 COD 排放量开始超过工业 COD 排放量。2008 年北京市、天津市和河北省城市 COD 排放总量分别为 10. 1 万 t、13. 3 万 t 和 60. 5 万 t，其中生活 COD 排放量比例分别 95. 1%、79. 1% 和 58. 9%。自 2003 年以来的六年间，北京市、天津市和河北省城市氨氮排放量呈现波动下降趋势，2008 年北京市、天津市和

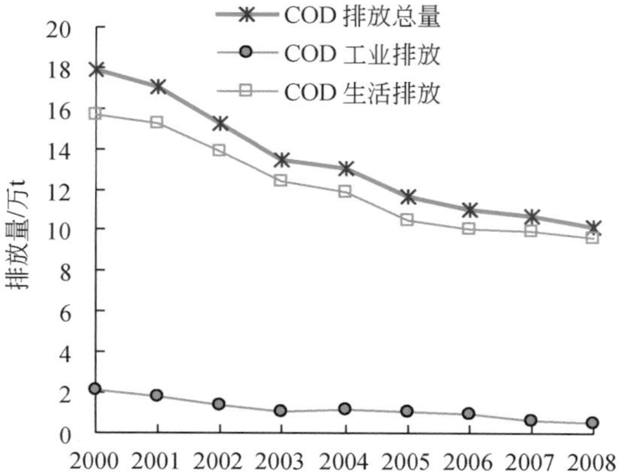

图 1-9 北京市 COD 排放通量演变（2000～2008 年）

河北省城市氨氮排放总量分别为 1.2 万 t、1.4 万 t 和 5.6 万 t，其中生活氨氮排放量比例分别 96.3%、76.0% 和 68.9%。

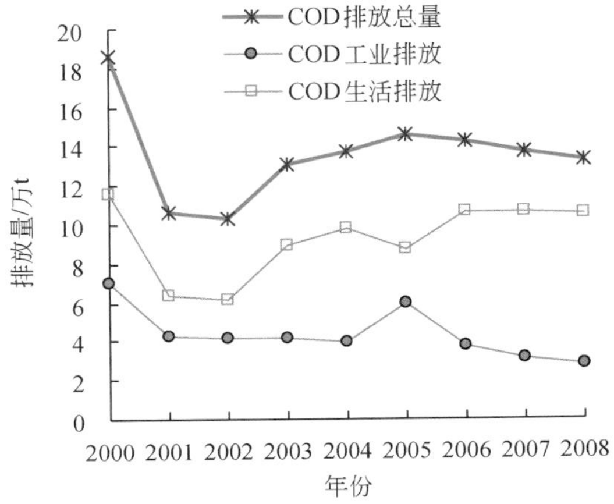

图 1-10　天津市 COD 排放通量演变（2000 ~ 2008 年）

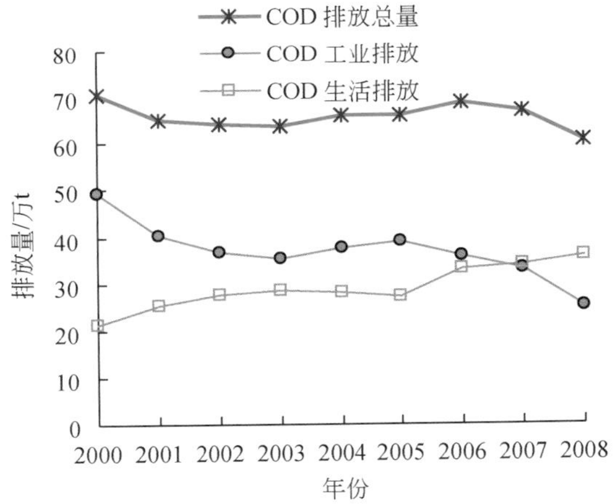

图 1-11　河北省 COD 排放通量演变（2000 ~ 2008 年）

城市雨水沉降与径流过程所带来的面源污染也不可忽视。城市区域的雨水径流水质受到大气沉降物、生活垃圾、道路交通量和路面材料的影响，在降雨期被径流冲洗掉，一同进入雨水管道。监测数据表明，久旱后的大暴雨所形成的地表水使水体污染程度最为严重。雨水主要污染物是 COD 和悬浮固体，道路初期径流中也含有铅、锰、酚、石油类及合成洗涤剂等成分。

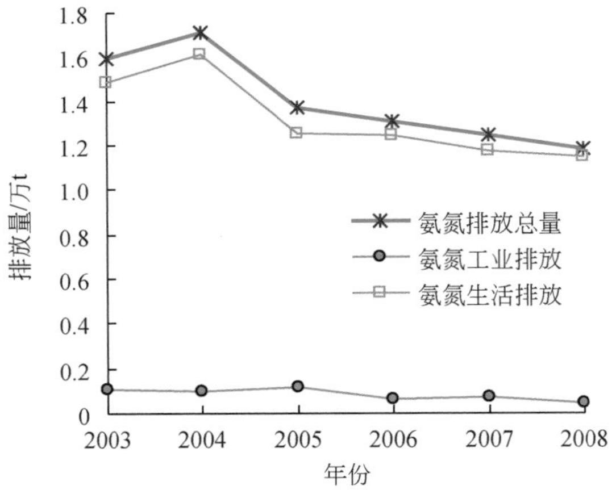

图 1-12　北京市氨氮排放通量演变（2003 ~ 2008 年）

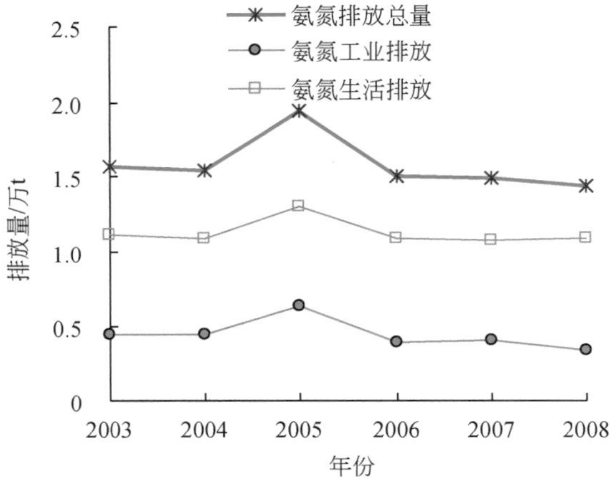

图 1-13　天津市氨氮排放通量演变（2003 ~ 2008 年）

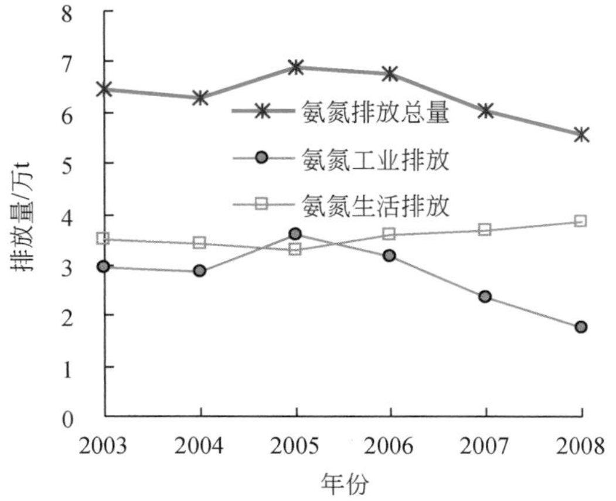

图 1-14　河北省氨氮排放通量演变（2003 ~ 2008 年）

1.3.2.2 污水处理设施逐渐完善削减了大量污染物

在海河流域，1949 年以前，流域内具有污水处理设施的城市很少，主要靠明渠或河道排水。1984 年，海河流域第一座（也为全国第一座）大型污水处理厂天津纪庄子污水处理厂建成并投入运行，服务面积 6289hm^2、污水处理能力为 26 万 m^3/d，是我国当时建设规模最大、处理工艺最完整的城市污水处理厂。北京于 1990 年建设了第一座污水处理厂即北小河污水处理厂，处理规模为 4 万 m^3/d，用以处理体育中心和周边工业与生活带来的污废水，为第十一届亚运会的举办作出了贡献。高碑店污水处理厂是北京市已建污水处理厂中规模最大的，也是当前我国规模最大的城市污水处理厂，服务面积为 9661hm^2，服务人口 240 万，处理规模为 100 万 m^3/d，其中一期 50 万 m^3/d（1993 年建成）；二期 50 万 m^3/d（1999 年建成）。

2008 年海河流域污水处理量、污水未处理量的分布如图 1-15 所示。2008 年流域 20 个主要城市市区污水处理量为 25.8 亿 m^3，其中，93.7% 由城市污水处理厂（95 座）处理，其余为其他自建污水处理设施处理。市区污水处理率平均为 78.2%，聊城市污水处理率最高为 95.2%，承德污水处理率最低为 56.0%。流域内域市区污水处理量的 40.5% 集中在北京市，19.2% 集中在天津市。北京市 1978 ~ 2008 年污水处理能力的演变如图 1-16 所示，可以看出，1994 年之后污水处理能力迅速增加，2008 年，北京市集中污水处理能力已达

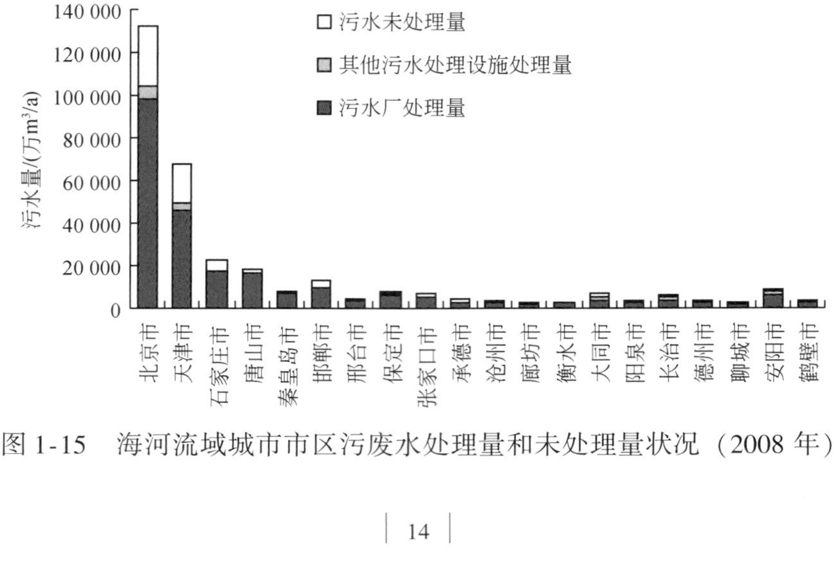

图 1-15 海河流域城市市区污废水处理量和未处理量状况（2008 年）

329.4 万 m^3/d，其中 14.9% 为三级处理，其余为二级处理，其他分散式污水设施处理能力为 41 万 m^3/d。通过这些集中与分散处理设施的运行，北京市实现了 COD 年削减 35.8 万 t。

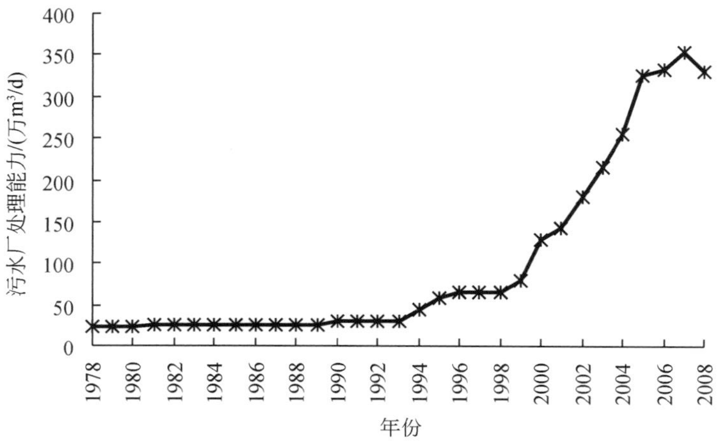

图 1-16　北京市污水处理能力的演变（1978 ~2008 年）

1.3.2.3　污染负荷的排放造成河流地表水和地下水的污染

尽管流域内污水处理厂及其管网体系在近 10 多年中得到不断完善，使得城市生活和工业污废水排放中的污染物得到大量削减，但仍有相当数量的污染负荷进入水体，并远远超过水体的环境容量，使得流经城市河流以及城市周边的河流受到污染，尤其是下游河段受到的污染更为严重。监测数据显示，2009 年，海河全流域五类和劣五类水质断面达到 60%，地表水功能达标率不足 30%，地下水饮用水水源地达标率仅有 70% 左右，COD、氨氮和总磷等主要污染因子超标率分别达到 47.1%、40% 和 38.6%。其中，北京市 2009 年达标河段长度仅占河流监测总长的 55.0%，劣 V 类水质的河长占监测总长度的 41.2%，以 COD、BOD_5和氨氮为主要污染指标的有机污染突出，2010 年 6 月北京市地表水环境质量，超过 50% 的河段不能满足水功能区的要求。除了地表水外，海河流域的地下水也受到污染。

1.3.3 对产汇流规律的影响

1.3.3.1 城市地面硬化导致径流响应更快、峰值更高、汇流更快

随着城市化快速扩张，大面积的天然植被和土壤被道路、铺砌路面、街道、人行道、车站、停车场、屋顶等硬质地面所替代，致使城市下垫面的不透水率增加，其滞水性、渗透性和热力状况发生了变化，减弱了下垫面的水文调节能力。相对于城市化前，同量级的降水产汇流时间缩短，地表产流系数增大。据统计，海河流域城市建成区不透水地面面积从 1981 年的 1149.0km²，增加到 2008 年的 3003.8km²，增加了 161.4%，鹤壁市、承德市和唐山市分别增大了 350.4%、349.6% 和 329.1%，如图 1-17 所示。

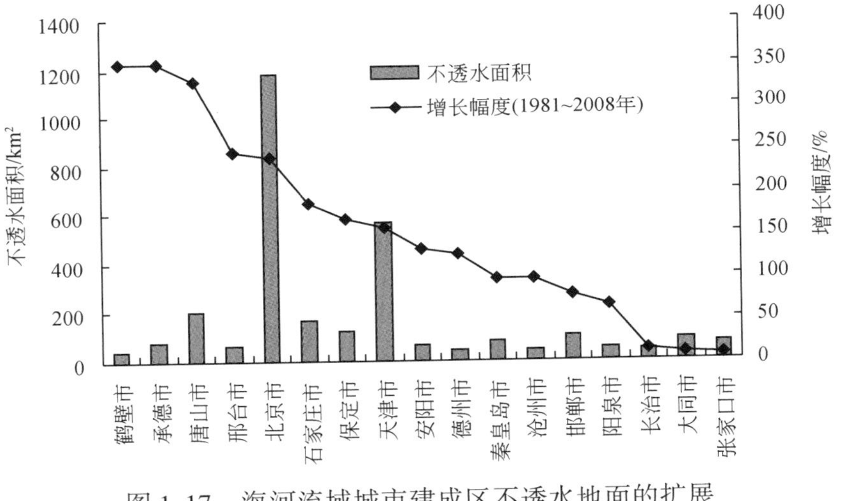

图 1-17 海河流域城市建成区不透水地面的扩展

1.3.3.2 短时强暴雨情况下城市面临较大的内涝风险

城市面临内涝风险的原因主要是由于城市不透水地面增大了降水产流系数；城市社会经济活动使得城区的降水强度较周边地区大；城市排水管网设计和建设的落后与不合理降低了排水能力（陈鸿汉等，2008）。例如，1996 年 7 月 21 日北京城区突降暴雨，全市造成 40 多处积水，机场高速公路被迫中断，

大量航班由此延误。2004 年 7 月 10 日，北京又遭到暴雨袭击，造成北京城区 40 多条交通要道和多个小区被淹，至少造成了十几亿元的经济损失。

经计算，海河流域不同城市在日降水量为 50mm 时内涝的风险系数如图 1-18 所示。廊坊市、北京市和阳泉市城市内涝风险最大，日降水量 50mm 时洪水风险系数均大于 0.5，主要原因为：①城市的地面硬化率高，三个城市的硬化率均超过 60%，阳泉市和北京市都为 66%，廊坊市为 60%，海河流域的平均水平为 61%，除廊坊市外其他两市均高于平均水平；②城市排水管网密度小，廊坊市和北京市排水管网密度分别为 6.56 km/km^{2}和 6.61 km/km^2，排水管网密度不到天津市排水管网密度（22.37km/km^2）的 1/3；阳泉市仅为 4.9 km/km^2，不到天津市的 1/4。北京市排水管网密度低的原因是城区建成年代久，在建设时排水管网密度规划不足，重建的难度大；廊坊市和阳泉市城市排水管网建设速度远远落后于其快速的城市化进程。

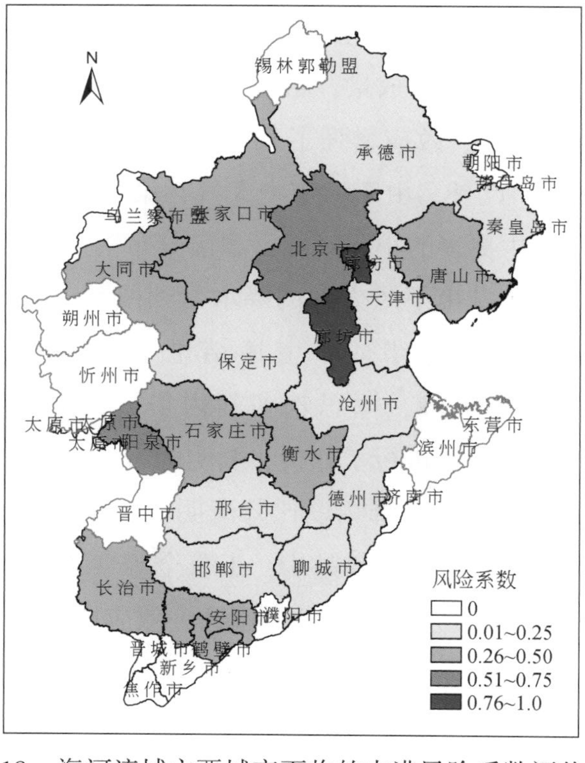

图 1-18 海河流域主要城市面临的内涝风险系数评价结果

相对地，邢台市、天津市和秦皇岛市等城市内涝风险比较小，日降水量为 50mm 时其风险系数均小于 0.2。邢台市主要得益于其硬化率低，现状情况下硬化率只有 45%，远低于海河流域的平均水平（61%）。秦皇岛市则是硬化率低和排水管网密度高的综合作用，该市现状情况下的硬化率为 58%，低于海河流域平均水平；而其排水管网密度为13.04 km/km^2，在海河流域排在第四位，仅次于天津市、德州市和聊城市。天津市风险系数低则主要得益于高密度的排水管网建设，达到 22.37km/km^2，在海河流域内排第一位，是北京市的 3 倍多，石家庄市的 2 倍多。

1.3.4 对区域小气候的影响

1.3.4.1 城市化形成冬季“干岛效应”

由于城市区工业企业能源消耗的增大、交通工具数目的增加以及城市供暖系统的发展，增加了温室气体的排放量，阻碍了城区地面长波辐射和热能释放，形成城市的“热岛效应”；这一效应增强了云下蒸发过程，减少了城市降水量，形成城市的“干岛效应”；此外，由于城市中大气污染物转化而来的冰核和云凝结核的加入，使层状云产生更多的小云滴，云滴谱分布更加均匀，从而降低了云水向雨水的转化效率，也使城市下风方向的降水受到抑制。Givati 等有关多年降水变化趋势的研究结果支持和印证了上述结论（Rosenfeld，2000；Givati and Rosenfeld，2004）。在海河流域，郑思轶和刘树华（2008）对北京城区和郊区 1961 ~2000 年的年平均降水量进行了分析，表明随着城市化进程的加快，北京市年均降水量呈下降趋势，城区下降幅度比郊区明显，冬季下降幅度比夏季明显，降水的波动性增强，旱年越旱、涝年越涝，王喜全等（2008）通过分析，指出北京市城市化产生了“干岛效应”，特别是冬季这一效应更为明显。

1.3.4.2 城市化带来夏季强降水

随着人类活动强度的不断增大，城市上空大气中尘埃比天然情况下高出几倍甚至几千倍，为降水提供了更多的凝结核；城市建设活动改变了地表的辐射平衡，使城市成为热源，并导致热湍流的形成；城市建筑物引起机械湍流，影响当地的云量和降水量；这些因素的综合作用，使得城区降水量一般比郊区多5% ~15% （王喜全等，2007），特别是对夏季中等以上强度的对流性降水影响更为显著（Changnon，1979；Changnon et al.，1991；Shepherd et al.，2002；周建康等，2003）。

1.3.4.3 城市化减少实际蒸发量

在城市扩张过程中，绿地、农田逐步改变为硬质路面及建筑群，下垫面不透水面积增大；人工排水管网的完善使得降水径流很快流失；地表可供蒸发的水分明显减少；天然植被减少、树木人工种植都使得植物水分蒸发和蒸腾作用减弱，包气带蒸发量减少，这些因素将导致城市实际蒸发量减少。研究表明：同样规模的降水，城市化前蒸发量占 40%，城市化后蒸发量仅占 25%（杨士弘，1997）。此外，伴随着城市人类活动强度的增大，城市产热量远远大于天然生态环境，城市下垫面有较高的热传导率、较低的植被覆盖率、强烈的人工光源辐射，使得潜在蒸发量明显增大。图 1-19 显示了利用遥感技术反演的海河

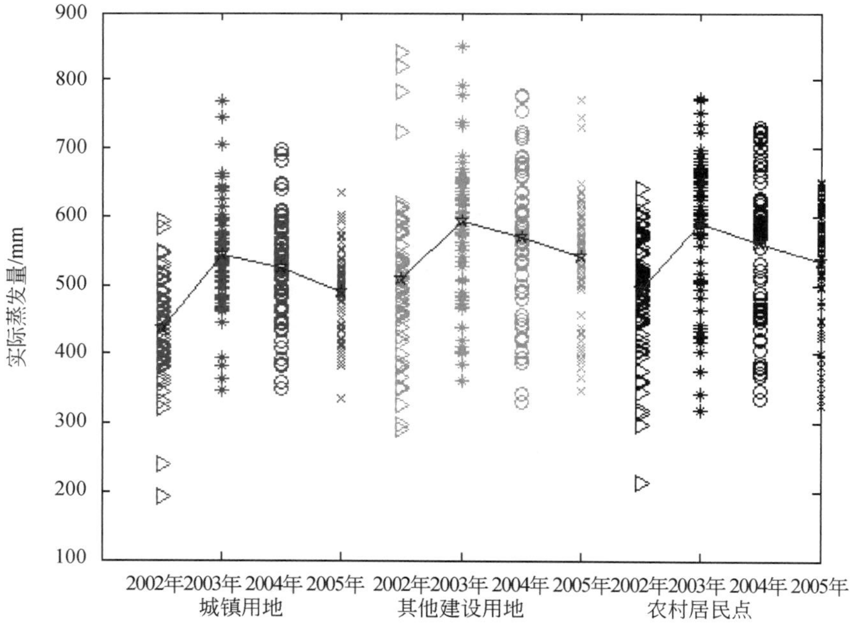

图 1-19 海河流域城镇用地与其他建设用地、农村居民点实际蒸发量比较（2002 ~2005 年）

流域城镇用地的实际蒸发量与其他建设用地和农村居民点的蒸发量的分布对比，三种类型蒸发量数据样本数分别为67个、67个和78个，分布在流域的31个主要城市中。统计分析表明，2002～2005年，流域中其他建设用地的蒸发量样本均值分别是城镇用地蒸发量样本均值的1.69倍、1.40倍、1.34倍和1.41倍，农村居民点用地的蒸发量样本均值分别是城镇用地蒸发量样本均值的1.33倍、1.29倍、1.23倍和1.26倍。

图1-20显示了海河流域城镇用地蒸发量的空间分布，从图中可知：海河流域城镇蒸发量最大（超过550mm）的城市是东部的滨州市、东营市和济南市（均指囊括在海河流域的部分，下同）；城镇蒸发量为500～550mm的城市是承德市、唐山市、秦皇岛市、阳泉市、邢台市、衡水市、邯郸市、安阳市、濮阳市、鹤壁市、新乡市和焦作市；蒸发量为450～500mm的城市是石家庄市、保定市、廊坊市、晋中市、德州市和聊城市；城镇蒸发量为0～450mm的城市是锡林郭勒盟、乌兰察布盟、张家口市、北京市、天津市、沧州市、大同市、朔

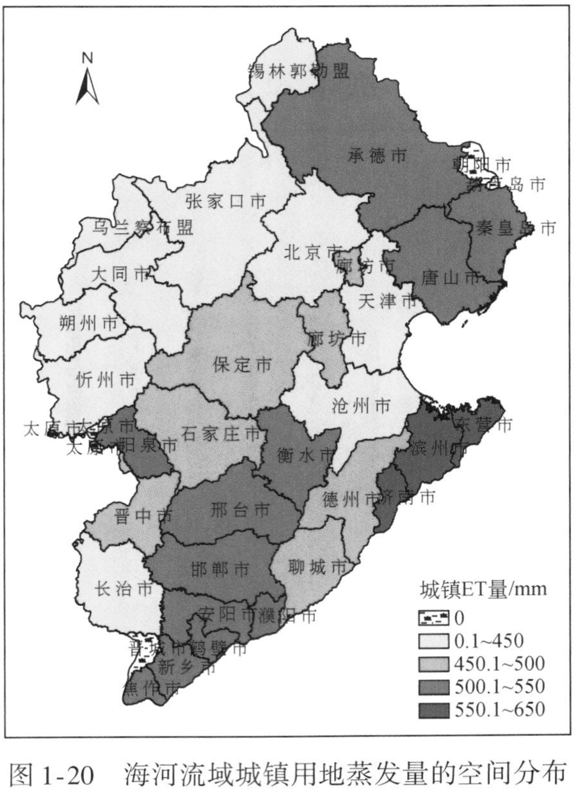

图1-20　海河流域城镇用地蒸发量的空间分布

州市、忻州市和长治市。

1.4 本章小结

进入 21 世纪以来，随着社会经济的高速发展，海河流域特别是平原区的城市化进程大步加速，逐渐形成了以京津冀都市圈为核心的城市群，成为我国重要的产业基地和贸易区。海河流域城市化的飞速发展深刻改变了流域水循环通量及其关键过程。城市人口的急剧增加，造成了城市用水剧增和流域水资源蓄存量的锐减。流域水循环通量的这一变异同时伴随着循环水体水质的变异，尽管污水处理设施的建设削减了大量污染物，但由于城市复合型污染负荷强度大，造成河流地表水和地下水的污染。城市化使得建成区的产汇流形成了特有过程；在分析其演变过程的基础上，基于城市地面硬化率和排水管网密度两大因素，对海河流域日降水量 50mm 的内涝系数进行了评价，结果表明：廊坊市、北京市和阳泉市城市内涝风险最大，邢台市、天津市和秦皇岛市等城市内涝风险比较小。不仅如此，城市化对建成区不同季节的实际蒸发量、降水量产生了变化，形成特有的区域小气候特征。

第 2 章 海河流域城市水循环机理研究

气候变化和人类活动（土地利用、水利工程、经济社会发展）共同影响着城市水资源变化，尤其是各要素间循环过程。根据城市二元水循环理论，在自然水循环层面，气候变化是主导因素，气候变化改变了陆面–大气间水分、能量交换和传输过程，影响着流域水文过程和区域水资源分布格局，如城市化导致的城市雨岛和热岛效应的发生；在社会水循环层面，一方面，由于人类活动引起城市下垫面条件变化（土地利用和水利工程），从而影响区域流域水资源时空分布，尤其是城市产汇流机制；另一方面，由于城市化导致人口和产业的高度集中，表现在用水需求的高度集中和用水结构的差别，影响了水资源的供需平衡。

2.1 水在城市中的服务功能

水是一项重要的资源，是流域中人类社会赖以生存和发展的最基本条件之一，直接影响和制约着公众健康、环境质量和经济增长。研究表明，水在城市中具有五个方面的功能：水是城市生存和发展的必需品和最大消费品，是污染物传输和转化的基本载体，是维持城市区域生态平衡的物质基础，是城市景观和文化的组成部分，是城市安全的风险来源（赛度·马克斯毛维克和约瑟·阿伯塔·特加大–左波特，2006）。在海河流域的城市密集区，水发挥着如下七个方面的生态服务功能。

1）生命物质：①水是人体基本组成成分，是维持生命、保持细胞外形、构成各种体液所必需的物质；②水是营养物输送和维持新陈代谢的主要介质，水把吸收来的营养物质，包括结构营养物质（如蛋白质、脂肪、碳水化合物、常量矿物质等）和调控营养物质（如微量元素）溶解输送到人体的各个部分，又通过水把代谢物排出人体以外，从而维护人体内物质及能量的转化过程和平衡；③由于水的比热容大、蒸发热大、导热性强，具有调节体温作用；④由于水的黏度小，是人体关节、韧带和肌肉等的润滑剂。

2）生产原料：经济学理论认为，经济增长的主要因素来源于各生产要素的增加，经济发展取决于各投入要素的贡献（王韶华等，2006）。水是城市生产的重要投入要素，是工业产品形成的主要原料。

3）溶解介质：水是城市污染物传输和转化的基本载体，如生活中各种洗涤过程、工业中萃取和洗脱过程、道路冲洗用水等。

4）温度介质：根据水的比热，水介质通过发生相变或水体温度变化从而改变外环境温度，其实质为水体与外环境发生热交换，如工业冷却用水。

5）景观生态：城市生态用水具有四大作用（贾宝全等，2002），即①水热平衡，即降水与地表水蒸发、植被蒸腾之间的平衡；②生物平衡，即维持水生生物生长及水体自然净化；③水沙平衡，即清除河道淤积、水库淤积；④水盐平衡，即防止海水入侵、保持淡水性状所需的水量。

6）灭火媒介：水城市消防中的作用机理，即①水的热容量大，1kg 水温度升高 1℃，约需要 4. 2kJ 的热量，水通过从燃烧物中吸收热量，使燃烧物温度迅速下降，终止燃烧过程；②水受热汽化成水蒸气，体积增大 1700 多倍，笼罩于燃烧物的周围时，可阻止氧气进入燃烧区，使燃烧因缺氧而熄灭；③灭火时加压水具有冲击作用，能冲过燃烧表面而进入内部，使未着火的部分与燃烧区隔离开来，阻止燃烧物的分解；④水能稀释或冲淡某些液体或气体，降低燃烧强度；⑤水通过浸湿未燃烧的物质，使之难以燃烧；⑥水吸收气体、蒸气和烟雾实现灭火功能。

7）势能载体：水因势而汇、因势而聚、因势而流，是天然的势能载体。将高处的水蓄积，可以用于灌溉、发电；水的顺势而下，形成运输航道，可以运载人和货物，且成本低廉。水的这一功能在人类开始聚集的时候就已经很好地运用了。

2.2 城市典型主体的用耗水规律的驱动因素

2.2.1 城市人口规模是影响城市生活用水的重要因子

城市生活用水的主体是城市居民，生活用水的水质水量保证率要求高、用水地点集中，用水可细分为饮用、做饭、洗衣、冲厕和洗澡等终端用水，通常受到城市人口、水价和人均收入等因素的影响（孙秀敏，2010）。2009 年海河流域35 个城市生活用水通量的分布如图2-1 所示，生活用水总量为26.3 亿 m³，其中北京市生活用水量最大，为 5.9 亿 m³，占总量的 22.2%；天津市位居第二，为2.3 亿 m³（占 8.6%）；石家庄市位居第三，为 1.7 亿 m³（占 6.4%）。城市人口规模与城市生活用水量的拟合曲线如图 2-2 所示，两者具有较好的线性关系（R^2=0.93），城市人口规模是影响城市生活用水的重要因子。

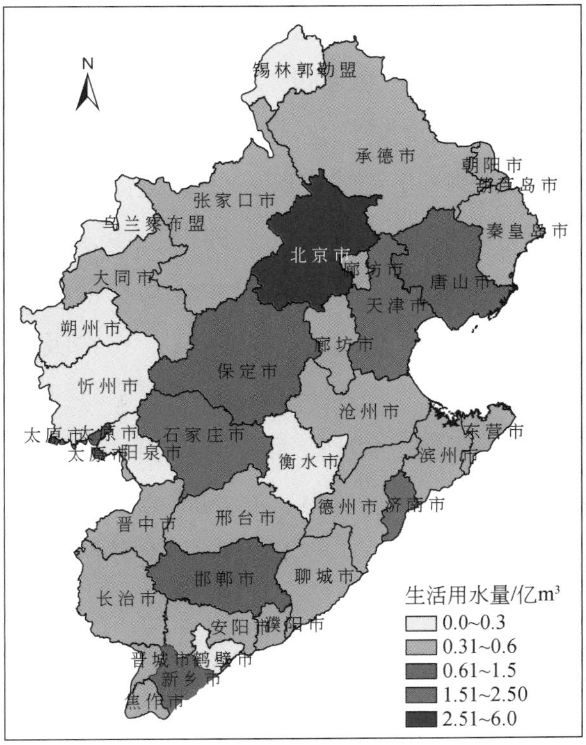

图 2-1　城市生活用水量分布（2009 年）

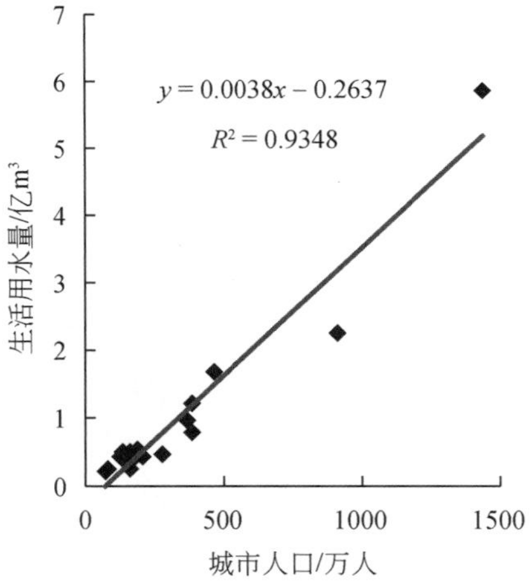

图 2-2　城市生活用水量与城镇人口关系

2.2.2　工业用水通量受到产业结构的影响

工业用水主体是工业企业，用水地点是工业园和工业区，用水性质是工业为满足生产工艺和产品质量要求的用水，包括产品用水、工艺用水和辅助用水。由于工业企业门类众多、用水系统庞大复杂，对水量、水质和水压要求的差异很大。2009 年海河流域35 个城市工业用水通量的分布如图2-3 所示，工业用水总量为63.2 亿 m^3，其中唐山市最大，为5.3 亿 m^3，占 8.3%；北京市其次，为5.2 亿 m^3，占 8.2%；天津市位于第三，为4.4 亿 m^3，占 6.9%。唐山市工业用水的42.8%集中在冶金行业，9.9%分布在化工行业，9.3%分布在造纸行业，8.4%分布在煤炭行业，如图2-4 所示。工业用水量在很大程度上受到产业结构、重复利用水平、生产工艺特点、节水管理以及水价等因素的影响（王浩等，2004；贾绍凤和张士，2003），与工业增加值总量之间并无明显的线性关系（$R^2<0.5$）。

2.2.3　城市公共用水与第三产业发展规模成正相关

城市公共用水的主体是服务业与事业单位，具体可细分为宾馆、医疗、院

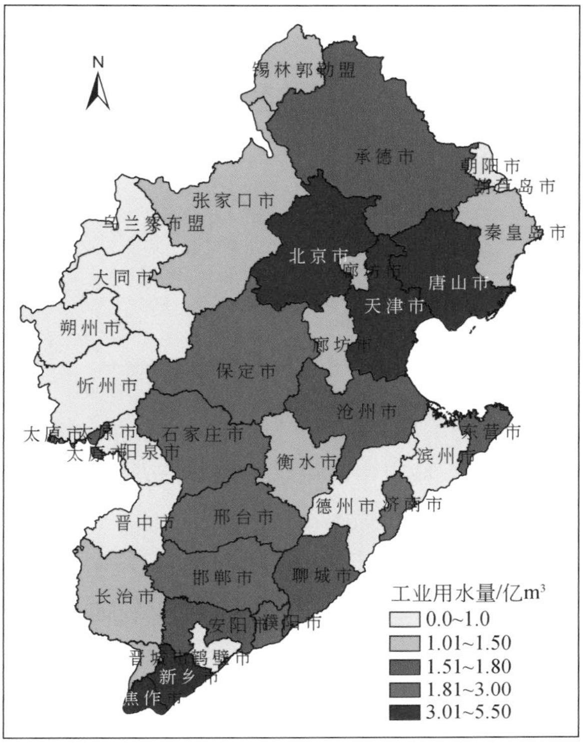

图 2-3　海河流域城市工业用水量分布（2009 年）

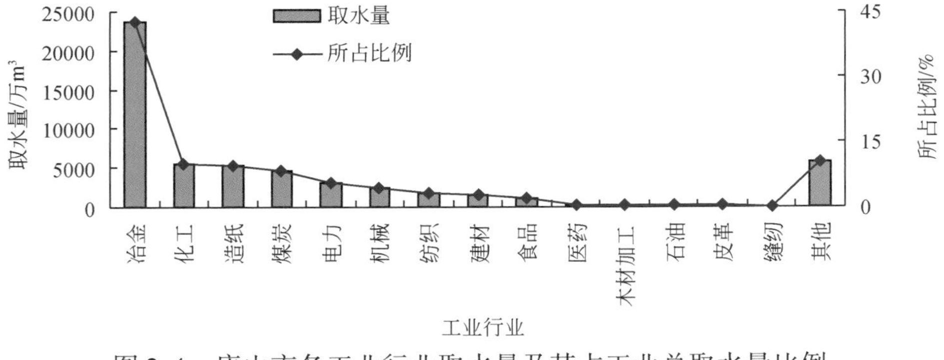

图 2-4　唐山市各工业行业取水量及其占工业总取水量比例

校、餐饮、机关、科研、商业、文娱等行业用水，通常，部门规模（产值或增加值）、水价结构与水平、节水设施与管理水平是影响第三产业用水的主要因素（翁建武，2007）。2009 年海河流域 35 个城市公共用水通量的分布如图 2-5 所示，公共用水总量为 16.3 亿 m³，其中北京市用水量最大，占 41.7%（6.8 亿 m³），天津市位居第二位，占 9.3%（1.5 亿 m^2）。北京市公共用水的 55.8% 集中在机关、学校、宾馆、商业四大行业中。城市公共用水量与第三产业增加值之间呈正线性关系（R^2=0.97），随着城市第三产业增加值的增大，城市公共用水明显增加，如图 2-6 所示。

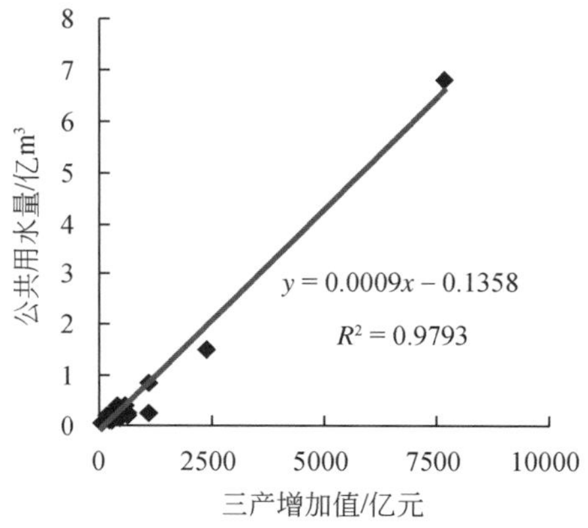

图 2-5　公共用水量与三产增加值之间的关系

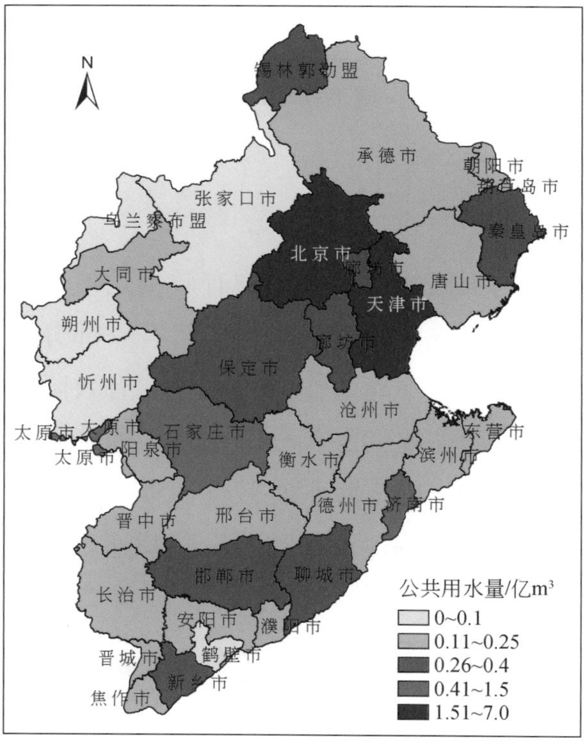

图 2-6　城市公共用水量分布（2009 年）

2.2.4 城市生态用水形成有效降水利用与补充灌溉方式

城市生态用水的主体为城市河流湖泊、林地草坪、道路等系统。绿地面积是城市生态系统健康评价的重要指标（王浩等，2004），是现代城市生态文明的重要体现。城市绿地与河湖系统的水分供给主要来自两个方面：一是来源于降水的有效利用；二是来源于人类的补充灌溉，如图 2-7 所示。

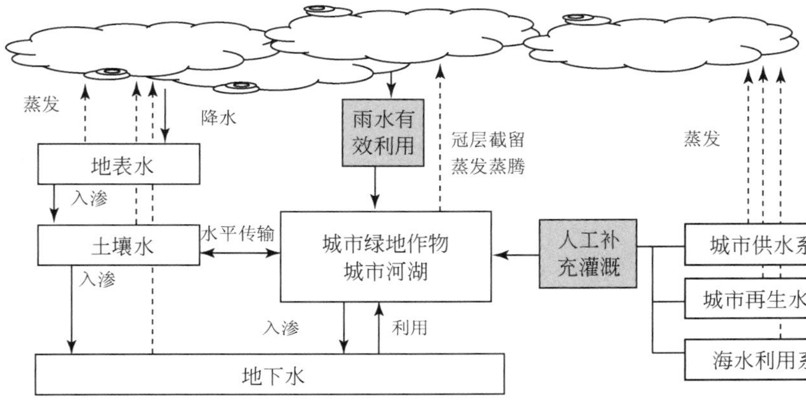

图 2-7　城市绿地用水系统结构

2.2.4.1 有效降水的利用

降水只有储存于作物根区才可以被作物有效利用。当降水强度超过土壤的入渗能力或降水超过土壤储水能力时，降水中将有一部分形成地表径流流走或形成深层渗漏流出作物根区，不能为作物所利用。有效降水是指保持在绿地作物根系层中供作物蒸发蒸腾需要的那部分降水量，即降水量减去径流量和深层渗漏至作物根区以下的部分。确定降水有效性要涉及很多途径和过程，其主要影响因子包括降水特性、土壤特性、作物蒸发蒸腾速率和灌溉管理等因子。本书计算有效降水利用量的公式如下：

$$\mathrm{Pe}_{i,\ t} = P_{i,\ t} \times \mu_{i,\ t} \tag{2-1}$$

$$\mathrm{W}_{j,\ k} = (\mu_{i.t} \times P_j \times \mathrm{AL}_{i,\ t,\ 1} + P_j \times \mathrm{AL}_{i,\ t,\ 4}) \times 10^{-5} \tag{2-2}$$

式中，$\mu_{i,\ t}$ 为第 i 城市第 t 时间的作物降水利用系数，无量纲；P_j 为第 j 月的降水量（mm）；$Pe_{i,t}$为第 j 月第 k 种绿地作物生育期内的有效降水量（mm）；$AL_{i,t,1}$ 和 $AL_{i,t,4}$为城市绿地和城市河湖水面面积（km^2）；$W_{j,k}$为有效降水利用量（亿 m^3）。经计算，海河流域主要城市绿地的有效降水利用量如图 2-8 和图 2-9 所示。可以看出，7～9 月绿地作物对于降水的有效利用量为 5.5 亿 m^3，其中 23.9%分布在北京市，9.5%分布在天津市。

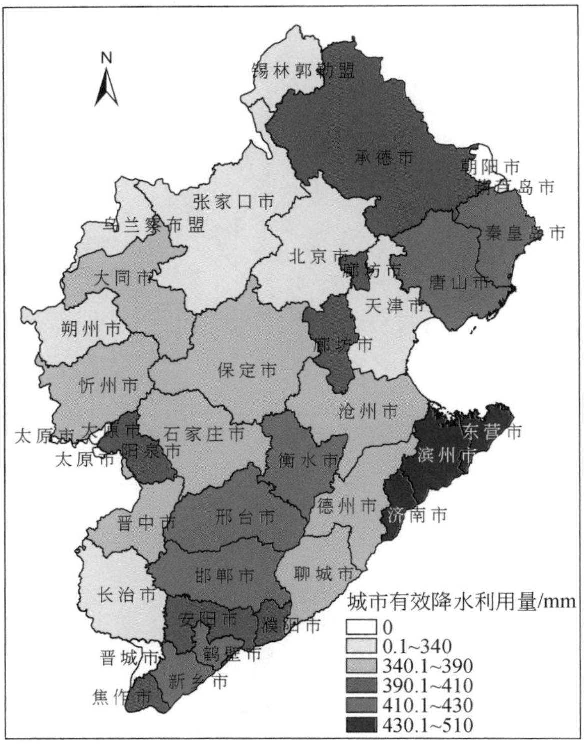

图 2-8　海河流域有效降水利用量

2.2.4.2　生态补充灌溉

经调查，2009 年海河流域 35 个城市生态环境用水量为 8.9 亿 m^3，是有效降水利用量的 1.6 倍，其中有 33.9%分布在北京市，有 11.5%分布在石家庄市，有 10.6%分布在天津市，如图 2-10 所示。

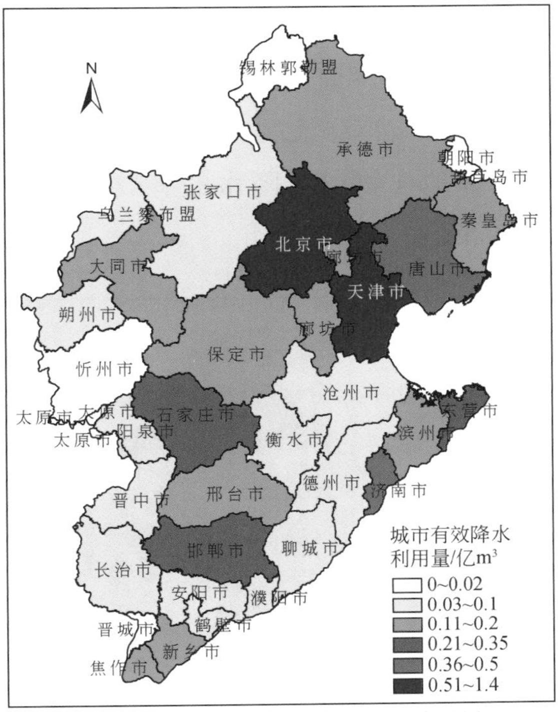

图 2-9　海河流域有效降水利用量

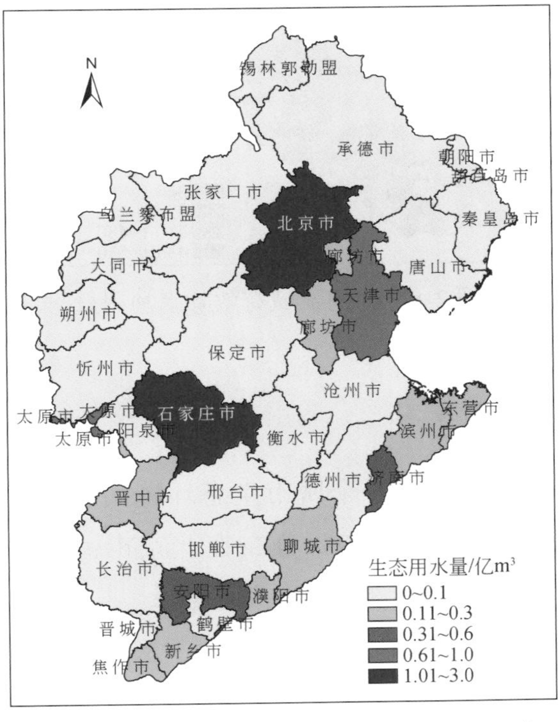

图 2-10　城市生态环境补水量分布（2009 年）

2.3 本章小结

本章从城市水循环的机理角度，首先梳理水资源在城市载体中的服务功能，尤其针对海河流域城市密集区的特点，从七个方面分析水资源的作用。城市由于人口高度聚集、产业结构各不相同、城市基础设施建设水平等方面的差异，其用耗水环节的水循环机理与其他典型区域有显著差异。本章从典型主体的用耗水规律的驱动机理方面进行详细分析，并找到影响城市水循环各个环节的主要影响因素。其中通过分析得到城市人口规模、产业结构及规模、降水利用方式等因素是最主要的影响因素。

第 3 章　城市水循环模式及概念性通式

本章基于二水循环理论，提出了海河流域城市水循环的模式；分析了城市水循环模式的基本特点，按照用水主体识别了城市水循环核心环节用耗水系统的结构特征；提出了城市水循环模式的演变过程，对发展中城市水循环系统、发达城市水循环系统、生态城市水循环系统的结构及其特点进行了剖析。在此基础上，本章给出了城市水循环的概念性通式，提出了城市水循环的目标函数，并对其社会水循环的主要过程包括供水过程、用耗水过程、排水过程、回用过程等分过程约束条件进行了详细的数学描述，并识别了各过程的通量及其影响参数，实现了城市水循环多过程、多环节、多要素的关联耦合。

3.1　城市水循环的模式分析

3.1.1　基于二元理论的城市水循环模式

随着流域经济的发展和人口的增长，城市水循环已从“自然”模式占主导逐渐转变为“自然-社会”二元模式（王浩等，2004），如图 3-1 所示。近百年来，随着流域城市化聚集居住和人类文明进步，城市范围内形成了以“供水—用水—排水—回用”的水循环延展路径，回用的结构日趋复杂，大规模供、排管网的铺设与自然水循环日益分离，实现了向多元化用户主体提供水量、对排除的污废水进行收集、输送和处理的基本功能，以支撑经济发展、保护人体健康和环境安全；同时，城市所带来的下垫面变化对水文过程各要素（如入渗、产流、汇流和蒸发）产生了全面影响，形成了城市特有的二元水循环模式。

城市长期发展过程中形成的水系统分离机制与耦合机制，有效推动了城市

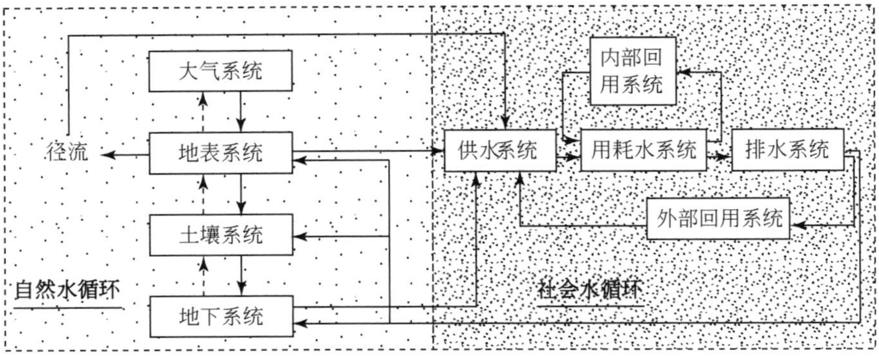

图 3-1　城市二元水循环的模式

二元水循环模式的形成，具体原理为：①分离机制。城市社会侧支水循环与城市自然主水循环各成体系，如城市管网改造减少了水的地下渗漏量，污水处理再生利用和水的重复循环利用减少了污水的排放量；城市化的硬化地面隔断了与地表系统与土壤、地下系统的联系；城市化的雨水管网人为改变了城市雨水、污水排放的流向。②耦合机制。社会侧支水循环通量与河道主循环通量存在此消彼长的动态互补关系，社会取耗水量的增加直接导致下游断面实测径流量的减少，改变江河湖的水力联系；城市化的硬化地面带来径流的增加；污水和雨水进入水体。城市水循环的详细结构如图 3-2 所示。

3.1.2　城市水循环模式的基本特点

城市化过程通过下垫面的变化及给排水基础设施为主体的侧支水循环的建设，改变了天然条件下流域的大气水、地表水、地下水和土壤水的转换路径、转换方式和转换强度，形成了城市单元独特的二元水循环模式。与天然的一元水循环模式相比，二元模式下的城市水循环系统发生了全面变化，主要表现在如下五个方面。

3.1.2.1　循环通量的二元化

循环通量的二元化主要表现在：①自然水循环方面，降水、蒸发、径流与入渗的通量；②社会水循环方面，取、用、耗、排和回用的通量。从总体上

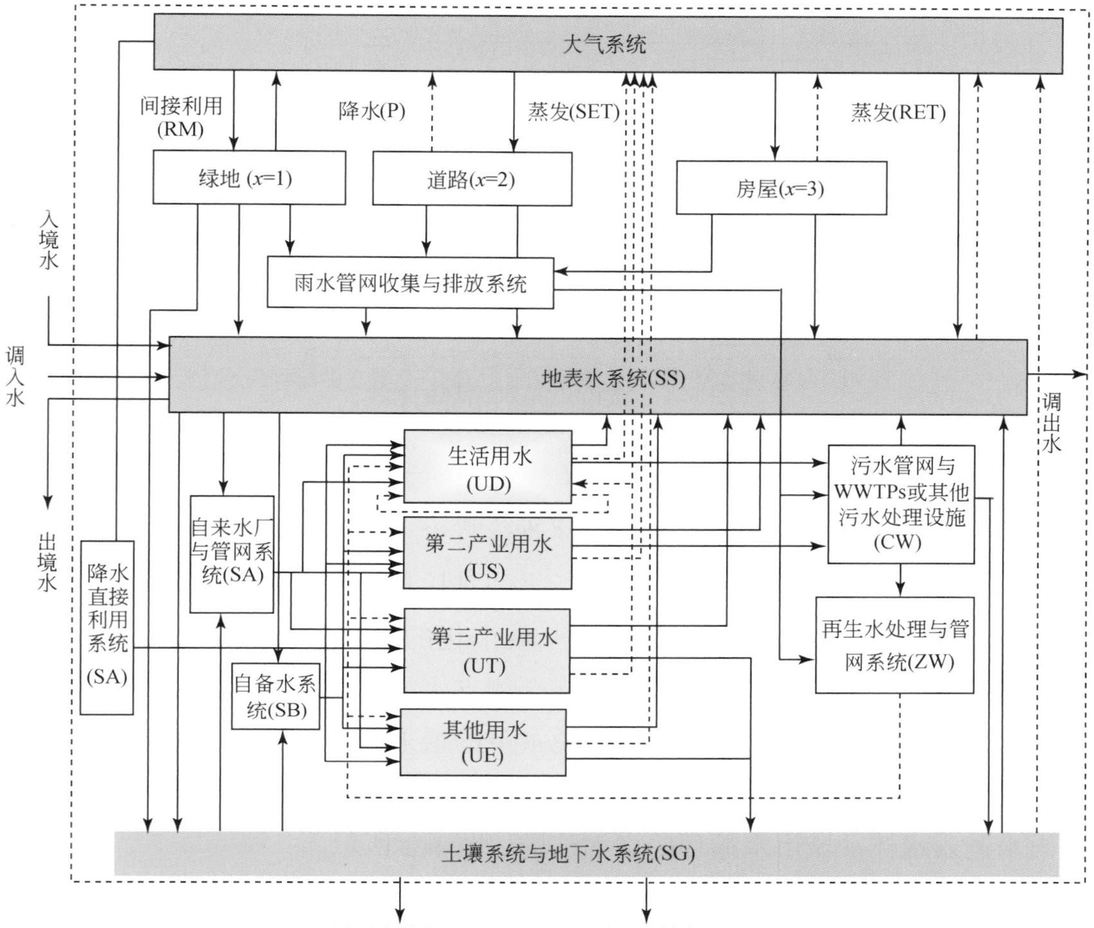

图 3-2　城市水循环的详细结构

看，人工侧支水循环通量与河道主循环通量存在此消彼长的动态互补关系，人工取耗水量的增加直接导致下游断面实测径流量的减少，改变江河湖泊的水力联系。

3.1.2.2　服务功能的二元化

城市水的服务功能具有二元化特征：①自然水循环方面，主要是调节作用，包括水文调节、河流输送、侵蚀控制、水质净化、空气净化、气候调节等方面；②社会水循环方面，主要是供给服务和文化服务，其中供给服务主要是提供人民生活和产业生产用水，起到维系生命健康和促进生产的作用，文化服务包括文化多样性、教育价值、灵感启发、美学价值、文化遗产价值、娱乐和生态旅游价值等方面。

3.1.2.3 循环结构的二元化

城市水循环的结构呈现二元化，主要表现在：①自然水循环方面，城市具有“降水—下渗—径流—蒸发”的自然主水循环过程。相对其他单元而言，城市发展使得不透水面积增加，城市下垫面产、汇流历时短，地表产流系数大、地下水补给能力差，水文调节能力弱。②社会水循环方面，主要表现在如下三大方面，一是以“取水—用水—耗水—排水”为核心的城市侧支水循环系统的形成与通量不断增加；二是城市内部已形成若干个闭路循环子系统，如城市再生利用子系统、企业循环用水子系统以及社区中水利用子系统等；三是随着科学技术的发展，城市开始增加了流域外调水、再生水利用、雨水利用和海水利用，增大了城市水循环结构的复杂性。

3.1.2.4 循环驱动力的二元化

城市水循环的驱动力呈现二元化，主要表现在：①自然力，主要包括太阳辐射、重力和风力；②人工力，主要包括四大机制，即社会学机制（如人口、社会结构、价值趋向）、经济学机制（水权配置、产出效益、价格调节）、管理学机制（效率-公平；服务-管制）和生态环境机制（城市水生态建设）。

3.1.2.5 循环路径的二元化

循环路径的二元化主要体现在：①自然水循环路径，自然水循环过程由降水、植被冠层与洼地截留、蒸发蒸腾、入渗、地表径流、壤中径流、地下径流和河道汇流等构成；水生态系统受到人工干扰，相对较为脆弱；②社会水循环路径，“取—用—排”三大基本环节已逐步拓展为包括“取水—给水处理—配水——次利用—重复利用—污水处理—再生—排水”等多环节的循环路径；社会水循环与自然水循环的分离特性日趋明显，具体体现在城市管网改造减少了水的地下渗漏量，污水处理再生利用和水的重复循环利用减少了污水的排放量，供水主体源自区外或过境水；用水与排污高度集中，供水保证率和水质要求高。

3.1.3 核心环节（用耗水系统）的结构分析

城市用耗水机理与效率状况的核心环节，直接影响人体健康、社会发展与经济增长。用耗水系统是城市水循环系统的重要组成部分，也是驱动水循环结构演变的核心，如图 3-3 所示。按照用水主体进行分类，城市用耗水主要包括居民生活用水、第二产业用水、第三产业用水以及城市生态用水等方面。

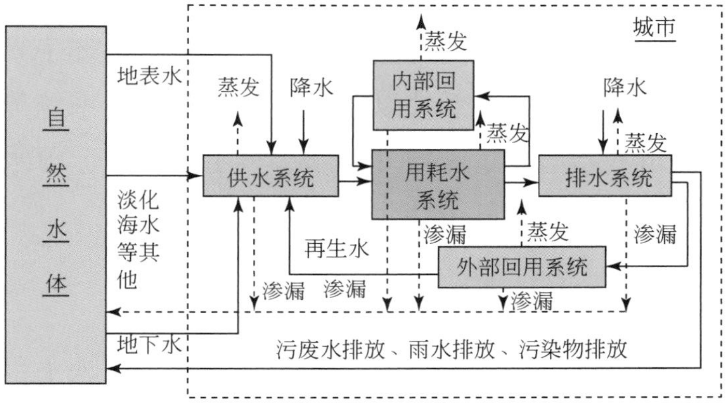

图 3-3　用耗水系统在城市水循环的结构关系

3.1.3.1　居民生活用水

居民生活用水的用水主体是城市居民，用水地点是居住区的家庭，用水性质是维持日常生活的用水，具体包括饮用、烹饪、洗浴、冲洗等用水。生活用水是保障居民身体健康、家庭清洁卫生和生活舒适的重要条件，其特点是用水量大、用水地点集中。进入 20 世纪中后期以来，城镇给水与排水卫生设施的发展被认为是减少人类疾病传播、改善人类生活条件的重要举措。生活用水系统具有“取水—给水处理—配水—用水—污水收集—污水处理—排水”等环节，其中前三个环节为给水系统，后三个环节为排水系统。从给水类型上看，以公共供水公共管网供水为主，但仍存在一些自备水水源形式的供水。在多数城镇地区，给水系统和排水系统的建设并不同步，污水收集与处理设施通常滞后于给水处理设施的建设，从而导致一系列城市水环境问题的出现与恶化。城镇生活单元水循环结构如图 3-4 所示。

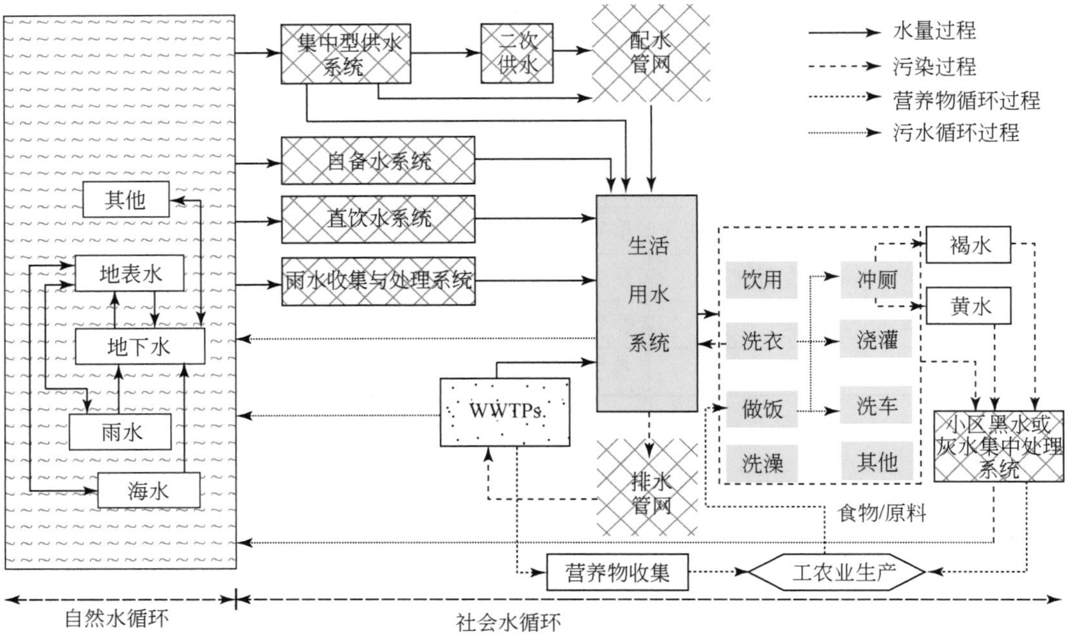

图 3-4　生活用水系统结构与流程

黑水指厕所粪便污水，包括人尿和粪便；灰水指来自于家庭的厨房、洗衣、沐浴和盥洗等污水；黄水是指人尿；褐水是指粪便

在生活用水方面，不同终端用水受到三大关键因素的影响，即用水器具所有情况、使用频率和用水效率水平等。用水设施的所有权表示用水设施使用的广泛性程度，如洗衣机、淋浴器和浴缸的保有量等；使用频率反映了人们用水的经常性程度；用水效率水平反映了用水设施的技术效率。该方法能够考察消费者什么地方用水、如何用水，可用于节水潜力的估算、需水预测和水管理政策的评估等方面，也是城市生活污水再生利用潜力分析的重要基础。不同终端用水受到多种因素的影响如表 3-1 所示。从总体上看，城镇人口、水价、人均收入和人均水资源量是影响城镇居民生活用水的主要因素（黄爱群，2009）。

表 3-1　不同生活用水终端的影响因素

编号	终端用水	用水设施	使用频率	器具所有情况	用水效率
1	饮用	水龙头	年龄、性别、季节、职业（Register，1987）	家庭收入、住房条件	产品价格、技术水平、水价
2	洗手	水龙头	年龄①、性别①		
3	做饭/洗碗	水龙头	户规模、职业		
4	冲厕	便器	性别②		
5	洗衣	水龙头（洗衣机）	季节、住户规模、年龄		
6	洗澡	淋浴、浴缸	季节③、年龄④、性别⑤		
7	浇园	水龙头	季节、住户规模		
8	其他⑥	水龙头等	季节、年龄、性别		

注：①老年人的洗手次数明显较高，女性的洗手次数高于男性；②性别对每日小便次数没有显著影响，但对大便次数存在显著影响，男性每日大便次数比女性高约 0.096 次（Quayce，1995）；③根据 2008 年北京市调查，夏季洗澡频率明显增加，约 80% 居民每天洗一次澡，其他季节以 2～3 天洗一次澡，夏季的淋浴时长相对冬季较短；④调查结果表明，老年人的淋浴频率略高；⑤虽然性别对于淋浴频率的影响并不显著，但对淋浴时间的影响较大，女性的淋浴时间明显高于男性；⑥含洗车、清洁、养鱼与游泳池用水等。

3.1.3.2　第二产业用水

第二产业和第三产业用水的用水主体是第二产业和第三产业的企业、事业单位，用水地点是工业园、商业区和办公区等，用水性质是生产过程中为满足生产工艺和产品质量要求的用水，可细分为产品用水（水成为产品或产品的一部分）、工艺用水（水作为溶剂、载体等）和辅助用水（如冷却、清洗等）。由于第二产业、第三产业的企业门类多、系统庞大复杂，对水量、水质、水压的要求差异较大。

第二产业用水系统结构与流程图如图 3-5 所示。其中，第二产业包括工业和建筑业。第二产业用水的影响因素主要包括增加值、用水重复利用水平、生产工艺、节水设施与管理水平、水价等（Quayce，1995；冯尚友，2000）。工业可细分为多种行业，如表 3-2 所示。按照工业用水性质的不同，工业用水分为冷却水、锅炉用水、产品用水、洗涤用水、绿化用水和其他用水。按照工业企业生产的用水方式，工业用水可以分为直流用水、循环用水、回用水和循序用水四种模式。①直流用水：工业生产中水经一次使用后排入水体，用水效率较低、对废水排放的污染控制要求比较高；②循环用水：工业的冷却用水或部分洗涤用水，使用后经过冷却或适当处理后用于同一生产过程；③回用水：将使用过的水经适当处理后用于同一系统其他生产过程；④循序用水：依据工业生产不同环节的水质水量要求，将水依次再利用于不同的工序、车间和企业之间。

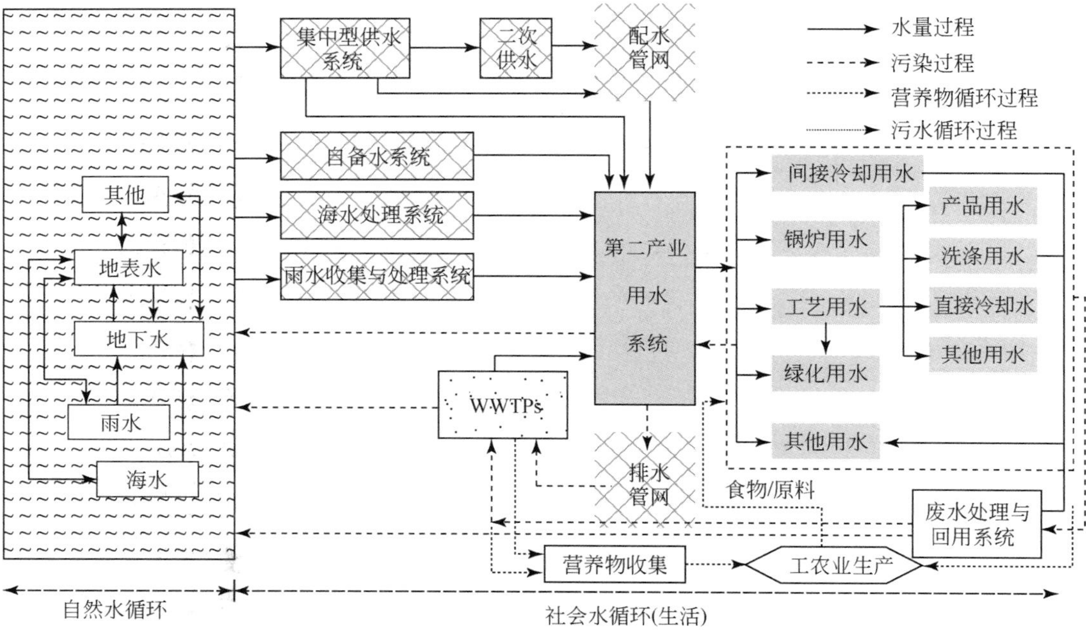

图 3-5　第二产业用水系统结构与流程

表 3-2　工业行业的分类

行业类别编号	行业类别名称	行业代码	细分行业名称
1	能源	06	煤炭开采和洗选业
		07	石油和天然气开采业
		44	电力、蒸汽、热水的生产和供应业
		45	煤气生产和供应业

续表

行业类别编号	行业类别名称	行业代码	细分行业名称
2	食品	0512	农产品初加工服务
		13	农副食品加工业
		14	食品制造业
		15	饮料制造业
3	烟草	16	烟草制品业
4	轻纺	17	纺织业
		18	纺织服装、鞋、帽制造业
		19	皮革、毛皮、羽毛（绒）及其制品业
		20	木材加工及木、竹、藤、棕、草制品业
		21	家具制造业
		22	造纸及纸制品业
		23	印刷业和记录媒介的复制
		24	文教体育用品制造业
		46	自来水的生产和供应业
5	化工	102	化学矿采选
		103	采盐
		25	石油加工、炼焦及核燃料加工业
		26	化工原料及化学制品制造业
		28	化学纤维制造业
		29	橡胶制品业
		30	塑料制品业
6	医药	27	医药制造业
7	建材	101	土砂石开采
		109	石棉及其他非金属矿采选
		31	非金属矿物制品业
8	冶金	08	黑色金属矿采选业
		09	有色金属矿采选业
		32	黑色金属冶炼及压延加工业
		33	有色金属冶炼及压延加工业

续表

行业类别编号	行业类别名称	行业代码	细分行业名称
9	机电	34	金属制品业
		35	通用设备制造业
		36	专用设备制造业
		37	交通运输设备制造业
		39	电气机械及器材制造业
		40	通信设备、计算机及其他电子设备制造业
		41	仪器仪表及文化、办公用机械制造业
		42	工艺品及其他制造业
		43	废弃资源和废旧材料回收加工业
10	其他	F（51～59）	交通运输、仓储和邮政业
		G（60）	信息传输、计算机服务和软件业

注：行业代码按 GB/T4754—2002《国民经济行业分类标准》。

3.1.3.3 第三产业用水

城市第三产业用水（公共用水）主要分成宾馆、医疗、院校、餐饮、机关、科研、商业、文娱、城市建设与环境卫生（简称城建）等九大行业用水，各行业用水又进一步细分到大便器、小便器、水龙头、淋浴器、洗衣机、锅炉、空调等七个终端用水（对应不同的用水器具）。第三产业用水系统结构与流程如图 3-6 所示。第三产业用水既有居民用水的特点，也有生产部门用水的特点。对于不同的行业，影响用水的主要因素不同，但总体看来，部门规模（产值或增加值）、水价结构与水平、节水设施与管理水平是影响第三产业用水的主要因素，具体如表 3-3 所示。

3.1.3.4 城市生态用水

城市生态用水主要是指河流湖泊、林地草坪等城市生态系统所消耗的用水，为城市休憩、娱乐等景观、碳氮代谢、生物多样性等服务消耗的用水量。城市生态用水是指为了改善城市环境而补充的水量；用水主体为城市绿地、河湖和道路，主要用于城镇道路清洗、绿化浇灌、公共清洁卫生，以及消防用水；城市河湖绿地需要水分供给，一方面来源于降水，另一方面需要进行有效的补充灌溉。

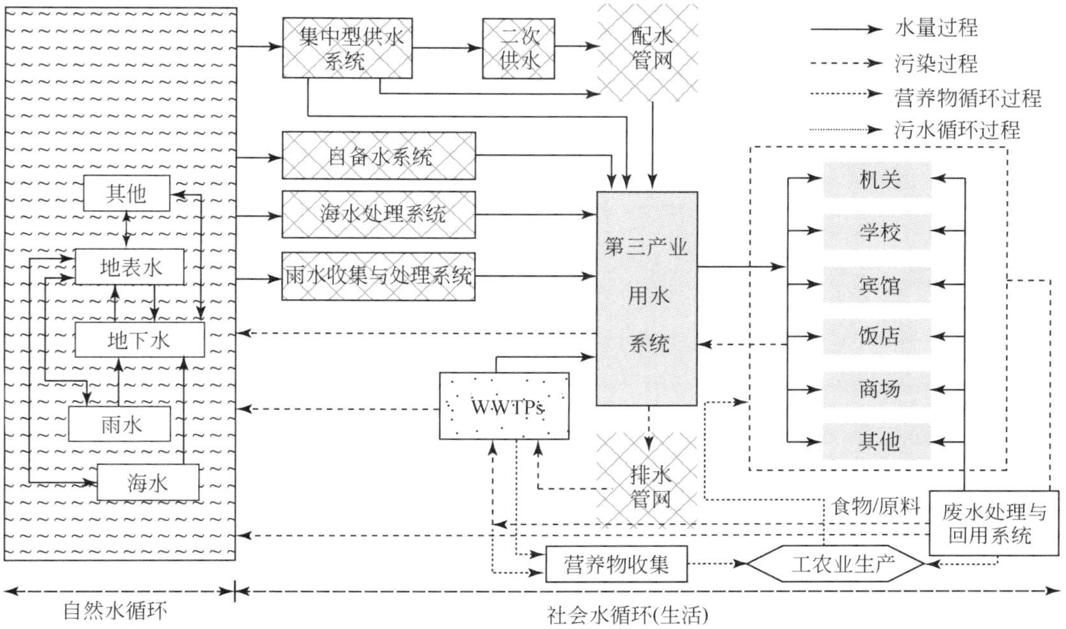

图 3-6　第三产业用水系统结构与流程

表 3-3　主要公共行业用水的特点与影响因素分析

类别	影响因素
机关用水	与职工人数相关性最好；与建筑面积相关性较好；职工人数与建筑面积相关；随着机关级别的提高，人均用水量递减；部级、副部级机关规模大、用水量多，是水资源管理重点
医院用水	住院部、洗衣房和浴室是三大主要用水区域；建筑面积是医院用水的重要影响因素；通常，医院等级越高其单位建筑面积用水量越大
学校用水	学生宿舍和浴室用水量比例较大；学校设有的附属部门如商店、餐厅、招待所等用水量占有相当比例，且随着学校规模递增；普通高校的用水定额高于其他高校，远大于中等学校和小学
宾馆用水	四星级以上附属设施较多，用水占有相当比例；宾馆实际出租床位数是主要影响因素，统计发现宾馆的星级越高，单位床用水量越大

3.2 城市水循环系统的演变及结构剖析

城市二元水循环的演变呈现一种渐进、有序的系统发育和功能完善过程。按照社会经济的发展程度与水问题风险的程度两大因子，城市水循环模式可分为发展中城市水循环系统、发达城市水循环系统、生态城市水循环系统三大类，具体特点如表 3-4 所示。从发展中城市、发达城市再到生态城市，城市用水与排水的外部影响日益降低，城市内部用水效率逐步提高，具体表现为城市给水、排水与雨水管网与水处理基础设施不断完善、用水的内部回用过程更为普遍和复杂、污水再生利用更为广泛、用水器具的选用更为高效，以及雨水的直接与间接利用更丰富。城市水循环系统的演变过程如图 3-7 所示，发展中城市水循环系统处于初级阶段，城市社会经济规模较小，城市水问题风险水平逐步攀升；发达城市水循环系统处于中级阶段，城市社会经济规模日益增大，城市水问题风险水平最为突出；生态城市水循环系统处于高级阶段，随着城市社会经济规模趋于稳定，城市水问题得到很大程度的控制，实现城市人水和谐的水生态文明状态。

表 3-4 不同城市单元水循环系统的基本特点

分类	阶段	分类	城市二元水循环的主要特点
发展中城市	初级	总量	社会经济发展规模较小；用水、污废水、污染物的通量较小
		结构	第二产业占主导地位，第三产业比例较小；总量给排水基础设施不完善，自来水普及率较低，污水处理率低；非常规水源（再生水、雨水、海水）利用率低；分质供水系统不存在；以雨污合流为主
		效率	节水器具采用率很低；城市管网漏失率大
发达城市	中级	总量	社会经济发展规模较大；用水、污废水、污染物的通量较大
		结构	第三产业比例较大，成为城市产业主体；给排水基础设施基本完善，自来水普及率高，污水处理率适中；非常规水源（再生水、雨水、海水）利用率较大，推行分质供水系统和雨污分流系统
		效率	节水器具采用率适中；城市管网漏失率适中

续表

分类	阶段	分类	城市二元水循环的主要特点
生态城市	高级	总量	社会经济发展规模适宜；用水、污废水、污染物的通量合理
		结构	经济结构和产业结构合理；具有完善的城市给排水基础设施，自来水普及，建有完备的污水处理系统；非常规水源（再生水、雨水、海水）利用最大化；尽可能实现分质供水和雨污分流
		效率	普及节水器具，城市管网漏失小

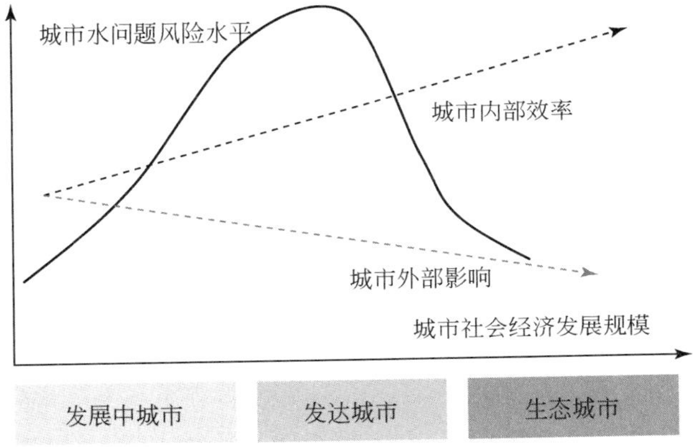

图 3-7　城市水循环系统的演变过程

3.2.1　发展中城市水循环系统

发展中城市的社会经济规模较小，面临的城市水问题风险较小。总体上，城市化发展对水循环系统的影响并不十分强烈，其系统结构如图 3-8 所示。发展中城市水循环系统有如下五个特点。

1）城市中大量修建城市房屋、道路、广场，但仍有相当部分的土地资源被原有的植物与作物覆盖，城市活动对自然水循环下垫面的扰动较小。

2）耗用水结构有待优化，用水效率较低。城市经济发展迅速，产业结构一般以第二产业为主，第三产业刚刚起步，所占比例较少。第二产业以资源消耗性行业为主，生产设备和技术落后，节水管理较为薄弱，水资源耗用量大，用水效率低下。造成城市工业用水效率较低；第三产业和生活用水通常受到技

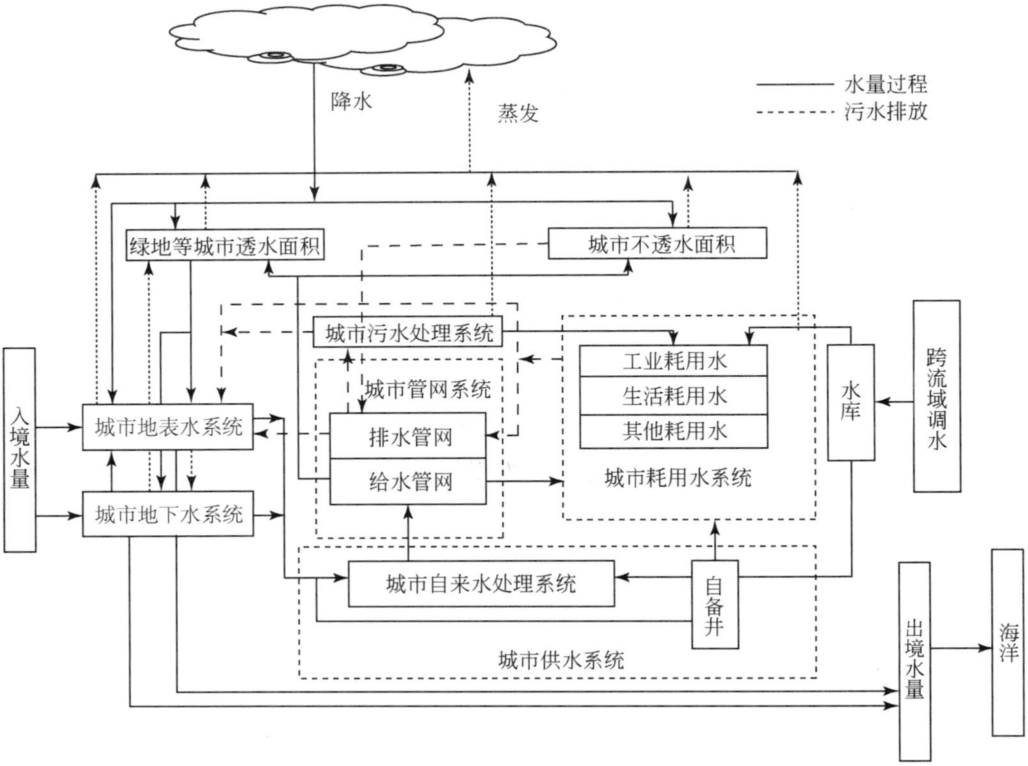

图 3-8　发展中城市水循环系统

术、经济等条件的限制，不能普遍使用节水器具，生活用水效率较低，生态用水被大量挤占。

3）供水结构有待改善，供水能力有待提高。水库直接向工业部门供水和自备井供水是发展中城市供水结构中的一大特点。水库不通过管网而直接向工业部门输水使得中间渗漏、蒸发损失加大，造成水资源浪费和供水效率低下；各部分自备水井由于分布较散不利于水资源的统一管理和调配。造成这些供水设施存在的一个根本原因还是这类城市公共供水系统设施不够完善，随着城市发展，供水结构亟需优化，供水能力有待进一步提高。

4）城市排水和污水处理设施需进一步完善降低污染风险。发展中城市由于地方财政和管理水平有限，污水管网建设还没有完成，城市污水处理厂的处理能力有限，一些废水甚至没有经过排水管网和污水处理就直接排入河道，给生态环境造成严重污染。另外由于雨水管网尚在建设或刚刚建成，雨水、污水混排现象比较普遍，进一步加重了污水处理厂处理压力。

5）非传统水源利用较少。除一些大的用水企业如钢铁厂、化工厂等考虑经济效益自己设立污水处理及回用系统外，非传统水源在海河流域大部分发展城市中尚未正式启动，其他公共用水部门均实施没有中水、雨水等非传统水源利用。

3.2.2 发达城市水循环系统

发达城市的社会经济高速发展，城市水问题面临高风险，城市化发展对水循环系统的影响十分强烈，其系统结构如图 3-9 所示。城市水循环系统具有如下五个特点。

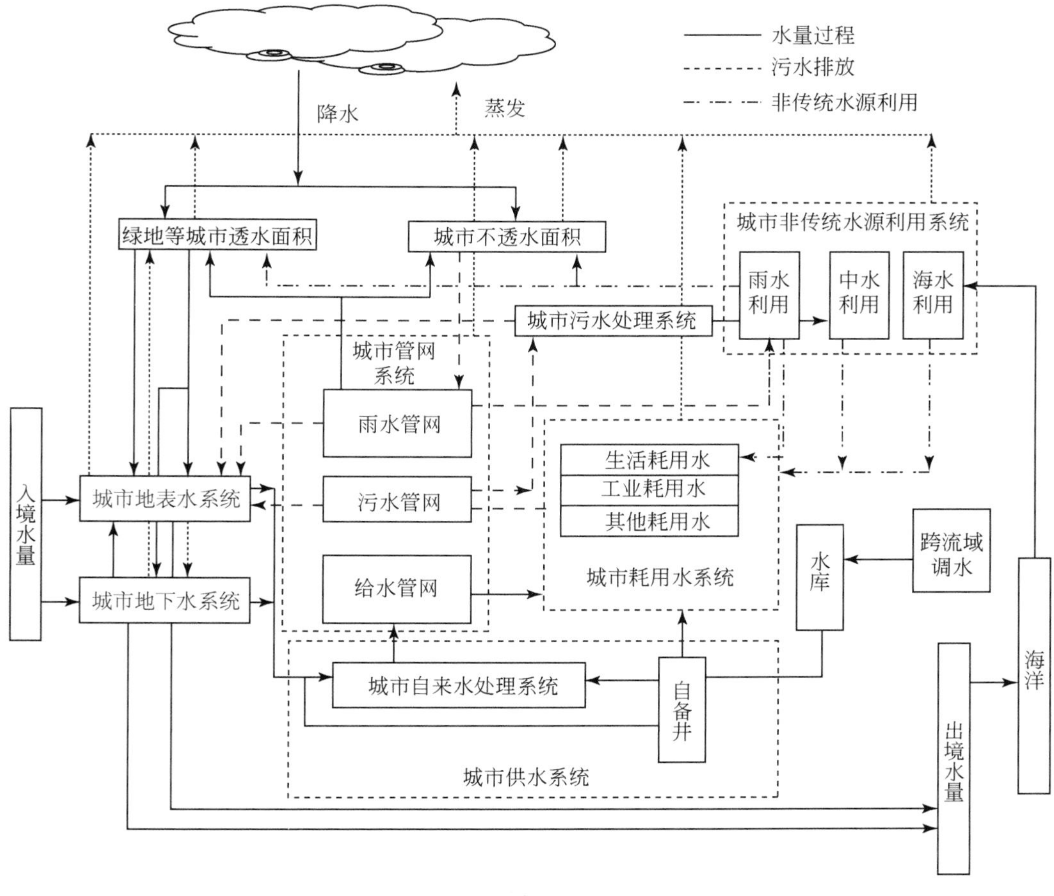

图 3-9 发达城市水循环系统

1）城市住房、商贸中心、学校和工厂等建筑物大规模的发展和建设，城市下垫面变化剧烈。

2）耗用水结构得到优化，用水效率极大提高。在城市三产结构中，第三产业比例较高，第二产业比例较少。城市用耗水结构随着产业结构不断调整而不断优化，第二产业中资源消耗性行业已经被关停或整改，设备工艺水平得到提高，用水管理制度日益完善，用水效率明显改善；随着第三产业的发展和人均收入的提高，节水器具能够在生活领域中得以推广，人们节水意识明显增强，生活用水效率较高，生态用水已被考虑。

3）供水结构进一步优化，城市用水普及率达 100%。发达城市各部门用水大部分水源来自公共供水部门；城市供水管网设施比较完备，各供水水厂服务范围路径减少，并且可以通过供水管网在紧急情况下互相调配和补充，供水效率得到了极大提高。但仍有部分部门自备水源，水资源管理制度还不够严格。

4）排水和污水处理设施较为完善降低了水污染风险。城市排水管网建设已经比较完善，污水处理厂处理污水能力较发展时期有了较大提高，污水处理率较高，大部分地区实现了雨水、污水分排。但城区仍有部分区域雨污合排和污水直排，生态环境仍旧有待于进一步治理和改善。

5）非传统水源推广利用。污水、雨水以及海洋水等非传统水源利用已经在海河流域部分城市开始启动，如北京市、天津市，并且得到较好的生态效益和经济社会效益，但由于资金、政策等相关因素制约，非传统水源占用水比例有待于进一步提高。

3.2.3 生态城市水循环系统

在生态城市中，水循环系统的结构最为完整，水循环的效率得到提高。城市社会经济发展程度较高，城市在设计、建设、管理机制不断创新与发展，形成了城市与生态和谐发展的状态，城市面临的水问题风险处于较低水平。生态城市的概念是联合国教科文组织于 1971 年发起的“人与生物圈”计划研究过程中首先提出的。生态城市是指城市空间布局合理，基础设施完善，环境整洁优美，生活安全舒适，物质、能量、信息高效利用，经济发达、社会进步、生态保护三者保持高度和谐，人与自然互惠共生的城市复合生态系统。

生态城市实现了如下两大方面的理念革新：①将传统的基于卫生学的城市雨水排放系统设计思想，变革为现代雨水综合利用理念。传统的城市雨水排放思想主要是将传统的雨水与污水混合在一起，通过市政管网尽可能快地排到远离城市的地方，以免污染水源，这种思想在发达国家和发展中国家的城市设计中普遍采用，带来了城市干化、城市雨洪风险增大等问题。现代的雨水综合利用思想，则采用用水渗透、雨水蓄滞等措施，将雨水更多地留住在城市内部。②多层面构筑反馈系统，将传统的“取水—输水—用户—排放”等单向开放型流动侧支循环系统，转变为“节制的取水—输水—用户—再生水”的强化反馈式循环流程，提高了城市水资源利用效率和效益。具体地讲，生态城市阶段二元水循环系统结构如图 3-10 所示，基本特点如下面五个方面。

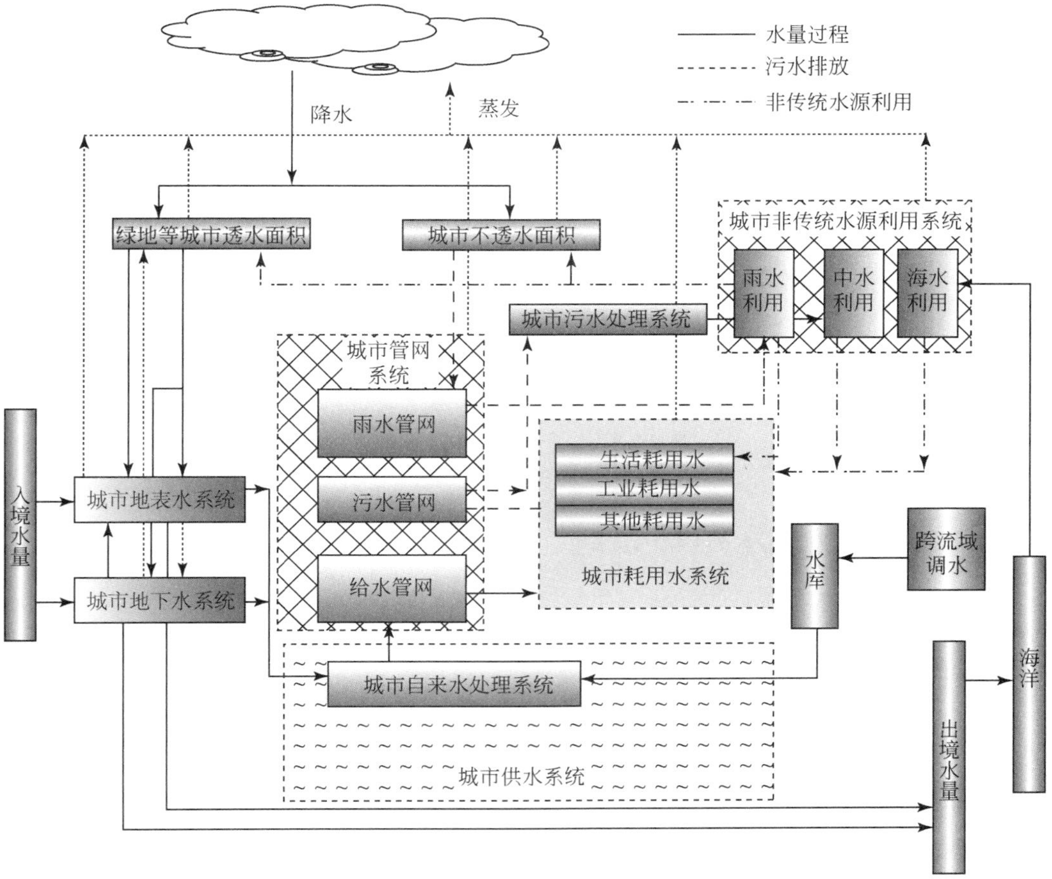

图 3-10　生态城市水循环系统

1）城市社会经济系统与基础设施不断完善的同时，注重生态系统的恢复、修复与建设，城市生态系统协调与美好。

2）城市耗用水结构达到最优，用水效率极高。注重源头减量化和水资源利用效率的改善，清洁生产、节水器具得到广泛采用。生态用水能够得以完全保障，生产用水和生活用水效率极高，用水结构得到优化。

3）供水管网发达，供水应急能力强。公共系统供水发达，自来水处理能力可以满足各用水部门需求；自备井已被关停，水资源管理制度严格、合理；供水调配和应急能力强，可以处理各种供水应急事件。

4）排水管网和污水处理系统发达，城市基本实现零排放。生态城市的排水和污水处理设施极大完善，全城均实现了雨水、污水分排，城市具有较高的污水处理能力，污水基本实现零排放；注重污水处理设施建设的生态化，如可采用全封闭污水处理厂的建设，采用全封闭、零公害、无污染、全地下的建设方式，将所有处理污水、淤泥、废气的设施全部“封”入地下，以减少空气污染、节约土地资源。

5）非传统水源利用得到充分发展，水资源效率提高。雨水利用设施、中水管网和中水供水系统设施完备；海水淡化技术比较成熟，海水利用率高。非传统水源的充分利用，可以缓解传统水资源用水压力，一些用水单元如生态用水、市政用水、生活用水中的冲厕用水、洗车用水等已做到非传统水源供给。

3.3 城市水循环的概念性通式与数学描述

3.3.1 城市水循环概念性通式及其目标函数

城市二元水循环模式的概念性通式可以表述为式（3-1）~式（3-3）：

$$\mathrm{UR}=\mathrm{UR}_1 \cup \mathrm{UR}_2 \tag{3-1}$$

$$\mathrm{UR}_1=f\ \{A\ (n,\ a),\ S\ (n,\ a),\ L\ (n,\ a),\ G\ (n,\ a)\} \tag{3-2}$$

$$\mathrm{UR}_2=f\ \{U\ (n,\ a),\ S\ (n,\ a),\ P\ (n,\ a),\ R\ (n,\ a)\} \tag{3-3}$$

式中，UR_1 为城市自然水循环过程；A 为大气过程；S 为地表过程；L 为土壤过程；G 为地下过程；UR_2 为城市社会水循环；S 为城市供水系统；U 为城市用耗水系统；P 为城市排水系统；R 为城市回用系统；n 为自然驱动力；a 为社会驱动力。

就城市社会水循环而言，城市用耗水系统（U）是城市用水机理与效率状况的核心体现，直接影响人体健康、社会发展与经济增长，主要包括多种用水类型，如居民生活、第二产业用水、第三产业用水以及生态用水（如绿地浇灌、河湖生态用水、环境卫生用水等）。来自社会经济系统和降水径流等自然水循环系统的蒸散发是影响用耗水过程的关键。城市供水系统过程（S）是城市供水安全保障的核心。该过程需要考虑城市自来水供水系统，也考虑自备水源系统以及非常规水源利用系统（如再生水、雨水及淡化海水等）。在传统水源方面，不仅考虑城市自身的地表水和地下水，也考虑了外调水。城市排水系统（P）是城市水污染传输与水环境演变机理、城市雨水利用与内涝控制的关键因素。在污染源方面，该过程既考虑了生活、工业等点源排放，也考虑了城市降水径流等非点源的排放过程。在污水处理方面，该过程既考虑了城市集中污水处理厂的建设，也考虑了技术经济可行的分散式污水处理设施的发展，且充分体现了处理后污水的再利用过程。城市雨水利用与排放过程是影响城市内涝的重要因素。城市内涝风险通常受到合流与分流体系状况、城市管网的密度与分布、短历时暴雨情况，以及下垫面情况（如绿地、道路、屋顶、河湖水体等）等多种因素的影响。城市回用系统（R）是指城市污水处理厂以及其他污水处理设施的处理后利用过程，该过程通常具有保护水资源、减轻水污染的双重效益。城市水循环主要过程的特点如表 3-5 所示。

表 3-5　城市水循环的变量表征

过程	变量表征	变量含义	主要影响因素	循环结构	驱动机制	服务功能	影响要素
自然水循环	A（n，a）	大气过程	与区域气候、降水、蒸发过程有关	自然水循环为主	自然驱动为主	自然为主	自然为主
	S（n，a）	地表过程	与城市建筑物形态、城市排水体系有关	自然水循环为主	自然驱动为主	社会、自然	自然、社会

续表

过程	变量表征	变量含义	主要影响因素	循环结构	驱动机制	服务功能	影响要素
自然水循环	$L(n, a)$	土壤过程	与土壤属性、城市生态系统的生长期有关	自然水循环为主	自然驱动为主	社会、自然	自然、社会
	$G(n, a)$	地下过程	与城市生态系统的类别、土壤质地、根系深度等有关	自然水循环为主	自然驱动为主	自然为主	自然为主
社会水循环	$U(n, a)$	用耗水过程	人口总量、经济规模、产业结构、用水设施、用水器具、用水行为、城市绿地河湖特点、土壤类型、土地利用等	社会水循环为主	社会、自然驱动	社会、自然	社会为主
	$S(n, a)$	供水过程	水源地水量和水质、来水过程、供水方式、给水管网、给水处理技术、处理成本等	社会水循环为主	社会驱动为主	社会为主	社会为主
	$P(n, a)$	排水过程	污水排放方式、污水处理工艺、合流与分流体系、排水管网体系、降水特征等	社会、自然水循环	社会、自然驱动	社会、自然	自然、社会
	$R(n, a)$	回用过程	城市缺水程度、社会经济发展水平、再生水处理成本、再生水价格、公众环境意识等	社会水循环为主	社会驱动为主	社会、自然	自然、社会

城市水循环的基本目标为公平性、安全性、高效性和可持续性，强调了内部效率的最大化和外部影响的最小化，涉及经济、社会、环境、生态、水资源等多维优化目标，以促进城市水循环系统的持续改善。具体地，本书采用经济效益最大化作为经济发展的目标，不同行业的缺水程度最小化作为社

会公平目标，河道外生态用水最大化作为生态目标，污染物排放量最小作为环境目标，水量损失最小化作为水资源目标，其目标函数如下：

$$\text{CUR}=\text{obj}\left(\max(\text{FE}),\ \min(\text{QS}),\ \max(\text{EC}),\ \min(\text{SS}),\ \min(\text{EA})\right) \tag{3-4}$$

式中，CUR 为城市水循环的目标函数；FE 为经济效益最大化；QS 为水量损失；EC 为生态用水；SS 为不同部门的缺水程度差异；EA 为污染物排放量。

3.3.2 城市社会水循环过程的数学描述

3.3.2.1 耗用水过程

城市耗用水是城市社会、经济发展的命脉，其过程也是城市水循环的核心过程。按照用水的目的以及水质、水量和水压要求的不同，对于任意城市 i 在第 t 年的耗用水可具体细分为生活耗用水、第二产业耗用水、第三产业耗用水和其他（含生态环境）耗用水。城市人口的增长、经济的发展、产业结构的变化以及科技水平的进步是生活耗用水、第二产业耗用水、第三产业耗用水的主要影响因素；人类对生活质量的要求以及环境保护意识的增强，是其他用水（含生态环境）耗用水增加的主要动力。其中，其他用水（含生态环境）过程与自然水循环系统紧密关联，其用水结构大部分来自天然降水，并进行适当的社会补充灌溉，且其输出项并不进入排水管网，而是进入自然循环中。生活、第二产业和第三产业的耗用水除了耗水直接输出到自然循环系统中，大多通过各种管网才与自然水循环有所联系，具有较强的社会特征。明确各个行业用水和耗水关系，以及各行业用水结构及相应比例是描述第二产业和第三产业耗用水过程的重点环节。城市耗用水过程的数学表达如式（3-5）~式（3-15）所示。

$$U_{i,t}=\text{UD}_{i,t}+\text{US}_{i,t}+\text{UT}_{i,t}+\text{UE}_{i,t} \tag{3-5}$$

$$\text{UD}_{i,t}=\text{POP}_{i,t}\times\text{UDP}_{i,t}\times 365\times 10^{-3} \tag{3-6}$$

$$\text{US}_{i,t}=\sum_{k=1}^{\text{MS}}\left(\text{GDPS}_{i,t,k}\times\text{USS}_{i,t,k}\right) \tag{3-7}$$

$$\mathrm{UT}_{i,t}=\sum_{l=1}^{\mathrm{MT}}(\mathrm{GDPT}_{i,t,l}\times \mathrm{UST}_{i,t,l}) \tag{3-8}$$

$$\mathrm{UE}_{i,t}=\mathrm{UEG}_{i,t}\times \mathrm{USG}_{i,t}+\mathrm{UEL}_{i,t}\times \mathrm{USL}_{i,t}+\mathrm{UEW}_{i,t}\times \mathrm{USW}_{i,t}+\mathrm{LK}_{i,t} \tag{3-9}$$

$$\mathrm{SET}_{i,t}=\mathrm{UD}_{i,t}\times \delta 1_{i,t}+\mathrm{US}_{i,t}\times \delta 2_{i,t}+\mathrm{UT}_{i,t}\times \delta 3_{i,t}+\mathrm{UE}_{i,t}\times \delta 4_{i,t} \tag{3-10}$$

$$\mathrm{SAS}_{i,t}=\sum_{k=1}^{\mathrm{MS}}(\mathrm{GDPS}_{i,t,k}\times \mathrm{USS}_{i,t,k})-\sum_{k=1}^{\mathrm{MS}}(\mathrm{GDPS}_{i,t,k}\times \overline{\mathrm{USS}}_{i,t,k}) \tag{3-11}$$

$$\mathrm{SAT}_{i,t}=\sum_{k=1}^{\mathrm{MS}}(\mathrm{GDPS}_{i,t,k}\times \mathrm{UST}_{i,t,k})-\sum_{k=1}^{\mathrm{MS}}(\mathrm{GDPS}_{i,t,k}\times \overline{\mathrm{UST}}_{i,t,k}) \tag{3-12}$$

$$\mathrm{USG}_{i,t}=K_c\times \mathrm{ET}_0\times K_s-P^*_{i,t}\mu \tag{3-13}$$

$$\mathrm{ET}_0=\frac{0.408\Delta(R_n-G)+\gamma\dfrac{900}{T+273}u_2(e_x-e_d)}{\Delta\gamma+(1+0.34u_2)} \tag{3-14}$$

$$\mathrm{USL}_{i,t}=\mathrm{AL}_{i,t,4}\times\left(\mathrm{EW}_{i,t}-\frac{Pi,\ t}{\mathrm{AL}_{i,t,4}}+\tau_{i,t}\right) \tag{3-15}$$

式中，$U_{i,t}$为第 i 城市第 t 年总用水量；$\mathrm{UD}_{i,t}$、$\mathrm{US}_{i,t}$、$\mathrm{UT}_{i,t}$和 $\mathrm{UE}_{i,t}$分别为第 i 城市第 t 年生活、第二产业、第三产业和城市生态用水量；$\mathrm{POP}_{i,t}$为第 i 城市第 t 年的城市人口；$\mathrm{GDPS}_{i,t,k}$为第 i 城市第 t 年第 k 行业的城市第二产业增加值；$\mathrm{GDPT}_{i,t,k}$为第 i 城市第 t 年，第 k 行业的城市第三产业增加值；$\mathrm{UDP}_{i,t}$为第 i 城市第 t 年的城市人均居民生活用水量；$\mathrm{USS}_{i,t,k}$和 $\mathrm{UST}_{i,t,k}$分别为第 i 城市、第 t 年、第 k 行业的第二产业和第三产业万元增加值用水量；$\mathrm{UEG}_{i,t}$、$\mathrm{UEL}_{i,t}$和 $\mathrm{UEW}_{i,t}$分别为第 i 城市第 t 年的绿地浇灌、河湖补水与环境卫生洒水面积；$\mathrm{USG}_{i,t}$、$\mathrm{USL}_{i,t}$和 $\mathrm{USW}_{i,t}$分别为第 i 城市第 t 年的绿地浇灌、河湖补水与环境卫生洒水单位面积用水量；$\delta 1_{i,t}$，$\delta 2_{i,t}$，$\delta 3_{i,t}$和 $\delta 4_{i,t}$分别为生活、第二产业、第三产业和城市生态的耗水率；$\mathrm{SET}_{i,t}$为生活、第二产业、第三产业和城市生态耗水量总和；$\mathrm{SAS}_{i,t}$和 $\mathrm{SAT}_{i,t}$分别为第二产业和第三产业的节水潜力；$\overline{\mathrm{USS}}_{i,t,k}$和$\overline{\mathrm{UST}}_{i,t,k}$分别为第 i 城市、第 t 年、第 k 行业的第二产业和第三产业万元增加值用水量的效率标准值；

ET_0为参考作物需水量（mm）；R_n为作物表面的净辐射量；G为土壤热通量；U_2为2m高处的日平均风速；e_s为饱和水汽压；e_d为实际水汽压；Δ为饱和水汽压与温度曲线的斜率；γ为干湿表常数；K_c为作物系数，用来衡量作物本身的蒸腾特性，它与作物的种类、生育阶段等因素有关；$P_{i,t}$为第i城市第t年的降水量；K_s为植物地下水胁迫系数；μ为植物降水利用系数；$EW_{i,t}$为湖泊水面蒸发量；$\tau_{i,t}$为湖泊渗漏系数。

3.3.2.2 供水过程

城市多水源供水过程是城市二元水循环的保障，也是最能体现社会侧支水循环过程中与天然水循环过程通量交换和耦合的子过程。供给用水部门的水有三种：城市自来水、自备地表水、自备地下水，其中城市自来水又通过抽取城市地表水和城市地下水（主要是浅层地下水），调取水库或外流域水来提供，经过严格处理后经给水管网供各用水部门使用。城市供水是满足城市发展和人民需求的基本保障。在城市建设初期，地表水一般被首选为城市供水水源，随着用水量的不断增加，地下水开始被逐渐使用，一般情况下，本区域地表水和地下水是城市供水的主体。由于在一个封闭的流域内，降水是城市地表水和地下水的唯一补充来源。因此，在一些流域，如海河流域，地理位置和气候因素使得区域水资源已经不能满足经济发展要求，这时就启动了流域内和跨流域调水来满足供水要求。因此，各用水部门的需水量是供水过程的直接驱动力而区域的自然属性（即区域水资源量的有限性）是多水源供给的辅助驱动力。多水源供给是解决城市化发展引起的水资源短缺的有效途径之一，弄清各个水源各自供水比例是模拟多水源供给的关键。城市多水源供给过程如式（3-16）~式（3-22）所示。

$$SA_{i,t} = UD_{i,t} \times \alpha 1_{i,t} + US_{i,t} \times \alpha 2_{i,t} + UT_{i,t} \times \alpha 3_{i,t} + UE_{i,t} \times \alpha 4_{i,t} \tag{3-16}$$

$$RR_{i,t} = UD_{i,t} \times \beta 1_{i,t} + US_{i,t} \times \beta 2_{i,t} + UT_{i,t} \times \beta 3_{i,t} + \beta 4_{i,t} \times UE_{i,t} \tag{3-17}$$

$$ZW_{i,t} = UD_{i,t} \times \sigma 1_{i,t} + US_{i,t} \times \sigma 2_{i,t} + UT_{i,t} \times \sigma 3_{i,t} + UE_{i,t} \times \sigma 4_{i,t} \tag{3-18}$$

$$SB_{i,t} = UD_{i,t} \times \theta1_{i,t} + US_{i,t} \times \theta2_{i,t} + UT_{i,t} \times \theta3_{i,t} + UE_{i,t} \times \theta4_{i,t} \tag{3-19}$$

$$SS_{i,t} = SA_{i,t} \times \phi1_{i,t} + SB_{i,t} \times \phi2_{i,t} \tag{3-20}$$

$$SG_{i,t} = (SA_{i,t} + SB_{i,t}) - SS_{i,t} \tag{3-21}$$

$$S_{i,t} = SA_{i,t} + SB_{i,t} + RR_{i,t} + ZW_{i,t} + QS_{i,t} \tag{3-22}$$

式中，$SA_{i,t}$和$SB_{i,t}$分别为第i城市第t年的自来水厂（公共供水）和自建设施（自备水）供水量；$SS_{i,t}$和$SG_{i,t}$分别为第i城市第t年的地表水和地下水供水量；$QS_{i,t}$为第i城市第t年的缺水量；$\alpha1_{i,t}$，$\alpha2_{i,t}$，$\alpha3_{i,t}$和$\alpha4_{i,t}$分别为第i城市第t年的生活、第二产业、第三产业和城市生态用水中自来水供给量占其用水量比例；$\theta1_{i,t}$，$\theta2_{i,t}$，$\theta3_{i,t}$和$\theta4_{i,t}$分别为第i城市第t年的生活、第二产业、第三产业和城市生态用水中自备水供给量占其用水量比例；$\beta1_{i,t}$，$\beta2_{i,t}$，$\beta3_{i,t}$和$\beta4_{i,t}$分别为第i城市第t年的生活、第二产业、第三产业和城市生态用水中雨水直接利用量占其用水量比例；$\sigma1_{i,t}$，$\sigma2_{i,t}$，$\sigma3_{i,t}$和$\sigma4_{i,t}$分别为第i城市第t年的生活、第二产业、第三产业和城市生态用水中污水再生利用量占其用水量比例；$\phi1_{i,t}$和$\phi2_{i,t}$分别为第i城市第t年地表水供水量占自来水厂供水量比例、地表水供水量占自建设施供水量比例；$S_{i,t}$为第i城市第t年的总供水量。

3.3.2.3 排水过程

城市排水过程包括城市污（废）水的排放以及短历时洪水与雨水排放两大过程。首先，城市污（废）水的排放是城市耗用水所带来的必然环节。各部门在生产、生活过程产生的污（废）水直接或通过排水管网排入下游地表水系统，而部分则经过污水处理系统进行处理后回用或排入下游自然水体。在整个过程中，只有少量管道运输损失或渗漏通过蒸发输出到自然水循环过程中。当上游地表水流量减少，水环境容量较低的情况下，地表水系统极易造成水质恶化，并将影响带入下游城市区域，对下游城市的二元水循环过程造成影响。城市污水的处理是城市耗用水所带来的必要环节，以保护人类健康和水体的环境质量。城市发展带来水资源压力、水环境压力和用水部门的经济效益等因素是城市污水处理过程的驱动力。排水管网规模、城市污水处理厂（WWTPs）建设规模与成本、分散式污水处理设施的建设能力、城市污水处理收费状况等因素都对城市污水的实际处理产生了影响。城市污水排放与处理过程的数学描述如式（3-23）~式（3-31）所示。

$$TP_{i,t} = PD_{i,t} + PS_{i,t} + PT_{i,t} + PE_{i,t} \tag{3-23}$$

$$PD_{i,t} = UD_{i,t} \times (1 - \delta 1_{i,t}) \tag{3-24}$$

$$PS_{i,t} = US_{i,t} \times (1 - \delta 2_{i,t}) \tag{3-25}$$

$$PT_{i,t} = UT_{i,t} \times (1 - \delta 3_{i,t}) \tag{3-26}$$

$$PE_{i,t} = UE_{i,t} \times (1 - \delta 4_{i,t}) \tag{3-27}$$

$$CW_{i,t} = CWA_{i,t} + CWB_{i,t} \tag{3-28}$$

$$CWA_{i,t} = (PD_{i,t} + PT_{i,t}) \times \eta 1_{i,t} + PS_{i,t} \times \eta 2_{i,t} \tag{3-29}$$

$$CWB_{i,t} = (PD_{i,t} + PT_{i,t}) \times \lambda 1_{i,t} + PS_{i,t} \times \lambda 2_{i,t} \tag{3-30}$$

$$DP_{i,t} = P_{i,t} - CW_{i,t} \tag{3-31}$$

式中，$TP_{i,t}$为第 i 城市第 t 年废污水排水量；$PD_{i,t}$，$PS_{i,t}$，$PT_{i,t}$和$PE_{i,t}$分别为第 i 城市，第 t 年生活、第二产业、第三产业和城市生态的污废水排放量；$CW_{i,t}$为第 i 城市第 t 年废污水处理量；$CWA_{i,t}$和$CWB_{i,t}$分别为第 i 城市第 t 年污水处理厂以及其他污水处理设施的污废水处理量；$\eta 1_{i,t}$和$\eta 2_{i,t}$分别为第 i 城市第 t 年生活和第三产业、第二产业污水排放到污水处理厂的比例；$\lambda 1_{i,t}$和$\lambda 2_{i,t}$分别为第 i 城市第 t 年生活和第三产业、第二产业污水处理厂排放到其他污水处理设施的比例；$DP_{i,t}$为第 i 城市第 t 年未经过污水处理设施直接排放到水体中的污废水量。

其次，城市雨水利用与排放是城市二元水循环模式中，天然水循环与社会水循环通量在垂直方向和水平方向交换最多的一个过程，也是提高城市用水效率、节约水资源的一个过程。降水在透水面积上（天然绿地等透水陆面和自然水体）的水循环仍然是一元循环过程，而降到不透水面上的雨水除少部分蒸发外将通过雨水管网进入社会循环路径，部分直接排入自然水体而另一部分则通过雨水处理后用做城市生态、景观用水，以及城市绿地带灌溉、道路市政用水或其他用途。由于用于道路市政用水量很小，一般以蒸散发而消耗，因此除了雨水净化后用于其他用途外的那部分水量外，整个雨水利用与排放过程与自然水循环过程一直存着水量的交换和耦合。与污水处理过程相似，经济效益、水资源压力、水环境压力以及用水部门的经济效益等是雨水利用和处理的驱动力。明确城市不透水面积比、雨水管网规模等影响因子是研究城市污水排放及处理过程的关键。城市雨水利用潜力、蒸发、径流与入渗通量的数学表达如式（3-32）~式（3-37）所示。

$$\mathrm{RR}_{i,t}=P_{i,t}\times\sum_{x=1}^{\mathrm{LU}}(\mathrm{AL}_{i,t,x}\times\phi_{i,t,x})\times\xi_{i,t}\times10^{-1}\tag{3-32}$$

$$\mathrm{RM}_{i,t}=P_{i,t}\times\sum_{x=1}^{\mathrm{LU}}(\mathrm{AL}_{i,t,x}\times\psi_{i,t,x})\times10^{-1}\tag{3-33}$$

$$\mathrm{RF}_{i,t}=P_{i,t}\times\sum_{x=1}^{\mathrm{LU}}(\mathrm{AL}_{i,t,x}\times\phi_{i,t,x})\times(1-\xi_{i,t})\times10^{-1}\tag{3-34}$$

$$\mathrm{RET}_{i,t}=P_{i,t}-\mathrm{RR}_{i,t}-\mathrm{RM}_{i,t}-\mathrm{RF}_{i,t}\tag{3-35}$$

$$\mathrm{ET}_{i,t}=\mathrm{RET}_{i,t}+\mathrm{SET}_{i,t}\tag{3-36}$$

$$\mathrm{FR}_{i,t}=\frac{\mathrm{PM}_{i,t}\times\dfrac{\mathrm{AL}_{i,t,1}}{\sum_{x=1}^{\mathrm{LU}}(\mathrm{AL}_{i,t,x})}\times\sqrt{\dfrac{\mathrm{AL}_{i,t,2}+\mathrm{AL}_{i,t,3}}{\sum_{x=1}^{\mathrm{LU}}(\mathrm{AL}_{i,t,x})}}}{12\times\mathrm{KG}_{i,t}\times\dfrac{\mathrm{AL}_{i,t,4}}{\sum_{x=1}^{\mathrm{LU}}(\mathrm{AL}_{i,t,x})}}\tag{3-37}$$

式中，$\mathrm{RR}_{i,t}$为第 i 城市第 t 年降水的直接利用量；$\mathrm{ET}_{i,t}$为第 i 城市第 t 年总蒸发量；$\mathrm{RM}_{i,t}$为第 i 城市第 t 年城市绿地的雨水间接利用量，即入渗实现对地下水的补充；$\phi_{i,t,x}$为第 i 城市第 t 年 x 土地利用类型的径流系数，$x=1$ 为绿地，$x=2$ 为道路，$x=3$ 为屋面，$x=4$ 为其他如水面；LU 为土地利用的类型数；$\psi_{i,t,x}$为第 i 城市第 t 年 x 土地利用类型的入渗系数；$\mathrm{AL}_{i,t,x}$为第 i 城市第 t 年 x 土地利用类型的面积；$\xi_{i,t}$为第 i 城市第 t 年的雨水直接利用系数，通常受到当地的技术、经济与社会等多种因素的影响；$\mathrm{FR}_{i,t}$为第 i 城市第 t 年的城市洪水风险；$\mathrm{PM}_{i,t}$为第 i 个城市，第 t 时间的日暴雨量；$\mathrm{KG}_{i,t}$为第 i 个城市排水管道密度。

3.3.2.4 回用过程

城市回用主要包括污水处理厂以及其他污水处理设施处理后的利用过程，具体如式（3-38）所示。

$$\mathrm{ZW}_{i,t}=\mathrm{CWA}_{i,t}\times\theta1_{i,t}+\mathrm{CWB}_{i,t}\times\theta2_{i,t}\tag{3-38}$$

式中，$\theta1_{i,t}$和 $\theta2_{i,t}$分别为第 i 城市第 t 年污水处理厂以及其他污水处理设施的再生水回用率；$ZW_{i,t}$为第 i 城市第 t 年污水处理厂和其他污水处理设施的再生水量。

城市社会水循环分过程的通量及其参数特征如表 3-6 所示。

表 3-6　城市社会水循环分过程通量及其影响因素分析

过程	分类	主要影响因素	影响因素表征	数据来源	水循环通量	水循环通量表征
用耗水	总量指标	人口、第二产业增加值、第三产业增加值、绿地浇灌面积、河湖补水面积与环境卫生洒水面积降水量、建成区面积	$POP_{i,t}$，$GDPS_{i,t,k}$，$GDPT_{i,t,k}$，$UEG_{i,t}UEL_{i,t}$，$UEW_{i,t}$，$P_{i,t}$，$AL_{i,t,x}$	统计/规划/预测	用水量、用水结构、耗水量、节水潜力	$U_{i,t}$，$UD_{i,t}US_{i,t}$ $UT_{i,t}$，$UE_{i,t}$，$SET_{i,t}SAS_{i,t}$，$SAT_{i,t}RET_{i,t}$，$ET_{i,t}$
	参数指标	人均居民生活用水量、第二产业万元增加值用水量、第三产业万元增加值用水量、河湖补水与环境卫生洒水单位面积用水量、第二产业万元增加值用水量（基准）、第三产业万元增加值用水量（基准）、净辐射量、土壤热通量、日平均风速、饱和水汽压、实际水汽压、饱和水汽压与温度曲线斜率、干湿率常数、作物系数、绿地作物地下水胁迫系数、绿地作物降水利用系数、湖泊水面蒸发量、渗漏系数、雨水直接利用系数、雨水径流系数、雨水入渗系数	$UDP_{i,t}$，$USS_{i,t,k}$，$UST_{i,t,k}$，$USW_{i,t}$，$\overline{USS_{i,t,k}}$，$\overline{UST_{i,t,k}}$，R_n，G，U_2，e_s,e_d，Δ，K_c，K_s，$\mu EW_{i,t}$，$\tau_{i,t}\phi_{i,t,x}$，$\psi_{i,t,x}$	统计/规划/预测/实验		

续表

过程	分类	主要影响因素	影响因素表征	数据来源	水循环通量	水循环通量表征
供水	参数指标	自来水供给量占其用水量比例，地表水供水量占自来水厂和自建设施供水量比例，雨水直接利用量占其用水量比例	$\alpha1_{i,t}$，$\alpha2_{i,t}$ $\alpha3_{i,t}$，$\alpha4_{i,t}$，$\phi1_{i,t}$ $\phi2_{i,t}$，$\xi_{i,t}$，$\beta1_{i,t}$，$\beta2_{i,t}$，$\beta3_{i,t}$，$\beta4_{i,t}$	统计/规划/预测	总供水量、供水结构、缺水量	$S_{i,t}$，$SA_{i,t}$，$SB_{i,t}$，$SS_{i,t}$，$SG_{i,t}$，$QS_{i,t}$，$RR_{i,t}$，$RM_{i,t}$
排水	参数指标	生活、第二产业和第三产业的耗水①	$\delta1_{i,t}$，$\delta2_{i,t}$，$\delta3_{i,t}$，$\delta4_{i,t}$，$PM_{i,t}$	实验/统计/规划/预测	排水量、处理量、未处理量、降水蒸发量、总蒸发量、内涝风险	$TP_{i,t}$，$PD_{i,t}$，$PS_{i,t}$，$PE_{i,t}$，$PE_{i,t}$，$CWA_{i,t}$，$CWB_{i,t}$，$DP_{i,t}$，$FR_{i,t}$
	参数指标	生活（第三产业）、第二产业污水排放到污水处理厂的比例；生活（或第三产业）、第二产业污水处理厂污水排放到其他污水处理设施的比例城市的排水管道密度	$\eta1_{i,t}$，$\eta2_{i,t}$，$\lambda1_{i,t}$，$\lambda2_{i,t}$，$KG_{i,t}$	统计/规划/预测		
回用	参数指标	污水处理厂以及其他污水处理设施的再生水回用率，污水再生利用量占其用水量比例	$\theta1_{i,t}$，$\theta2_{i,t}$，$\sigma1_{i,t}$，$\sigma2_{i,t}$，$\sigma3_{i,t}$，$\sigma4_{i,t}$	统计/规划/预测	再生水利用量	$ZW_{i,t}$

①耗水率通常需要根据观测实验或遥感数据获得。

3.4 本章小结

随着流域经济的发展和人口的增长，城市水循环已从“自然”模式占主导逐渐转变为“自然-社会”二元模式，也就是说，一方面城市所带来的下垫面变化对水文过程各要素（如入渗、产流、汇流和蒸发）产生了全面影响，另一方面城市水基础设施的建设与发展，形成了城市独特的城市社会水循环系统。本章从二元水循环的角度，提出了面向服务功能、以用耗水为中心的城市水循环模式。

从发展演变过程看，从发展中城市、发达城市再到生态城市，城市用水与排水的外部影响日益降低，城市内部用水效率逐步提高。发展中城市水循环系统处于初级阶段，城市社会经济规模较小，城市水问题风险水平逐步攀升；发达城市水循环系统处于中级阶段，城市社会经济规模日益增大，城市水问题风险水平最为突出；生态城市水循环系统处于高级阶段，随着城市社会经济规模趋于稳定，城市水问题得到很大程度的控制，实现城市人水和谐的水生态文明状态。

在定量表达方面，城市水循环概念性通式由自然和社会水循环两部分构成。本书通过对城市供—用—耗—排—回等过程给出了数学描述，识别了主要影响参数，实现了城市水循环多过程、多环节、多要素的关联耦合。

在优化调控方面，城市水循环调控的目标主要包括公平性、安全性、高效性和可持续性，强调了内部效率的最大化和外部影响的最小化，涉及经济、社会、环境、生态、水资源等多维优化目标，以促进城市水循环系统的持续改善。

第 4 章 海河流域城市水循环模式的演变规律分析

城市的水循环模式是在城市“自然–社会”二元驱动力作用下城市水资源形成与演化的基本概念。具体的模式环节分为取、用、耗、排四个环节。其中由于城市基础设施建设的特殊性，其四个环节均由城市的管网来连接和输送。由于社会水循环的驱动，城市水循环的模式发生了演变，人类从地表和地下水源中取水，通过供水管网输送到自来水处理厂，再经过城市输配水管网对城市各用水行业进行配水，因此各行业的用水会受到城市自来水厂的处理能力、供水管网的建设水平、取水水源的水质状况等多种因素共同影响；在用水环节，产业结构的调整、用水行业的需水量变化、管网的漏失、循环利用率等都将会决定用水系统的水资源利用效率和效益，均与其他水循环系统的模式截然不同；排水和再生水回用也受到城市污水处理设施、再生水处理设施、雨污水管网等影响。可见，二元水循环模式客观体现了城市水循环系统的演变过程，反映了人类活动对城市水循环的全面影响。

4.1 流域典型城市选取及其社会经济特点

选取城市行政区面积 70% 以上作为研究对象，主要包括 20 个城市，如图 4-1 所示。这 20 个城市的总面积为流域面积的 80.4%。

海河流域 20 个城市的城市化水平为北京市和天津市的城镇化率最高，分别为 73.1% 和 60.7%；其次为阳泉市、大同市和秦皇岛市，城镇化率分别为 59.7%、46.9% 和 42.0%；城镇化水平较低的地区为邢台市、衡水市和安阳市，城镇化率不足 25%。海河流域城镇人口的分布如图 4-2 所示，北京市和天津市城镇人口较多，超过 500 万人，其次为石家庄市、保定市、邯郸市、唐山

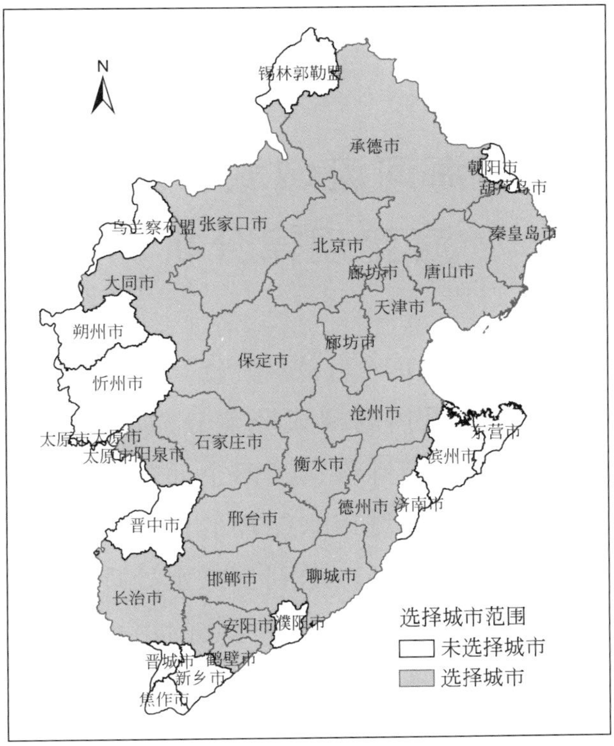

图 4-1　所选的 20 个城市在海河流域的空间分布情况

市、聊城市、沧州市、邢台市和德州市，城镇人口超过 150 万人；城镇人口较少的为鹤壁市和阳泉市，不足 90 万人。

从经济发展水平看，海河流域 20 个城市的 GDP 为 39 042.4 亿元，人均 GDP 为 3.2 万元/人，高于全国平均的 2.3 万元/人。其中，北京市和天津市的 GDP 分别为 10 488.1 亿元和 6354.4 亿元，分别占总量的 26.9% 和 16.3%。GDP 最少的城市是鹤壁市和阳泉市，GDP 分别为 342.4 亿元和 310.7 亿元，不足总量的 1%（图 4-3 ~ 图 4-5）。

就三产比例看，第一产业比例最大的是衡水市（17.4%），最小的是北京市（1.1%），第二产业比例最高的是鹤壁市（65.8%），最小的是北京市（25.7%），第三产业比例最大的是北京市（73.3%），最小的是鹤壁市（21.8%）。

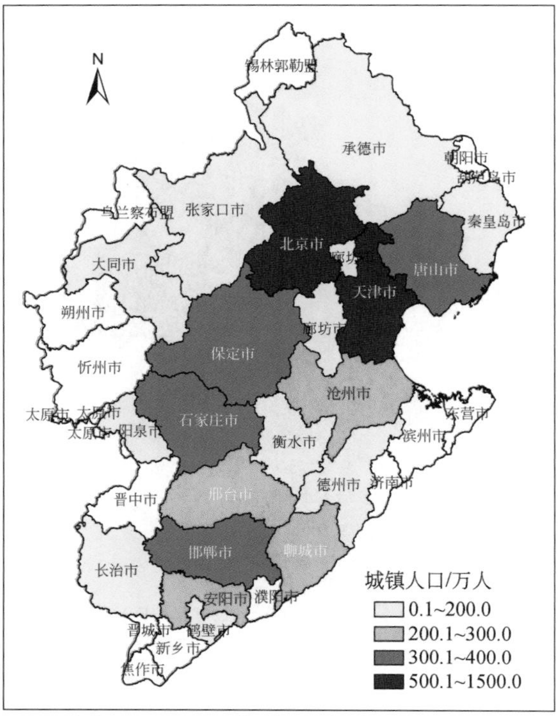

图 4-2　2008 年海河流域城镇人口

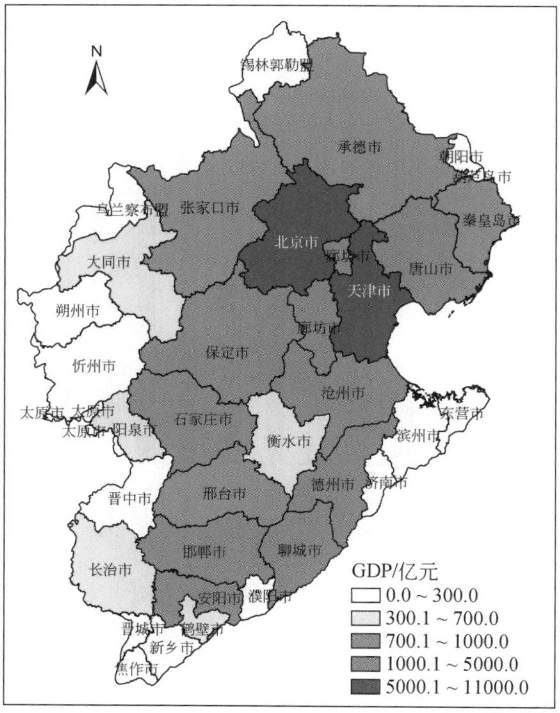

图 4-3　2008 年海河流域 GDP

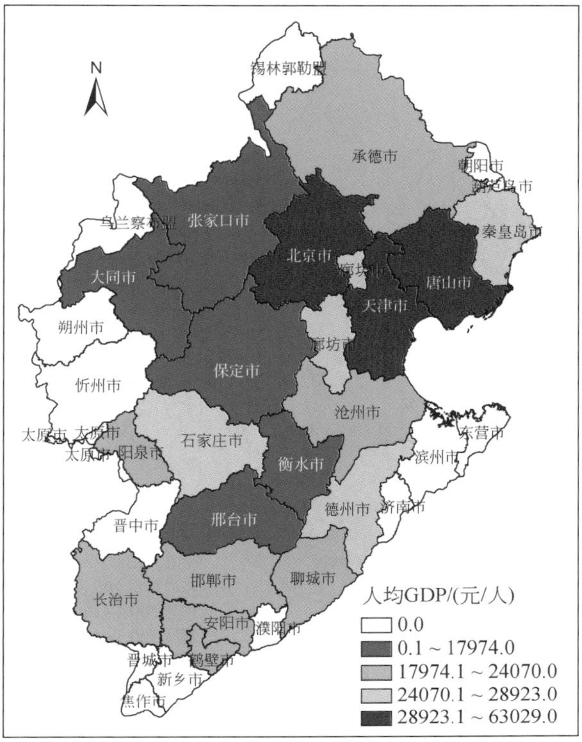

图 4-4　2008 年海河流域人均 GDP

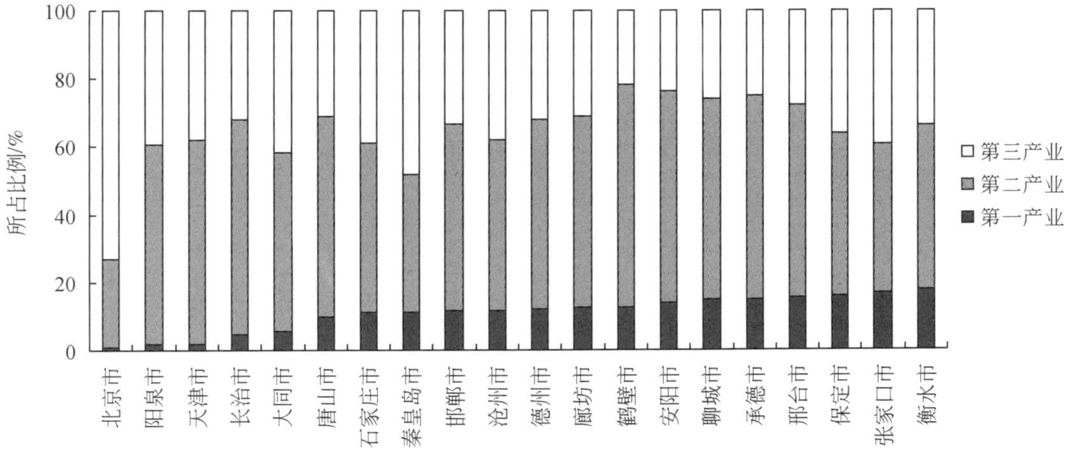

图 4-5　城市三产的比例

4.2 城市多水源供给过程

海河流域城市供水方式与水源的多样化趋势明显。2005 年海河流域城市供水的水源结构如图 4-6 所示。海河流域城市以地下水供水为主，地下水供给量为 62.3 亿 m^3，占城市总供水量的 67.9%。地下水供水量的 62.2% 用于工业方面，22.8% 用于城市生活，13.5% 用于城市公共方面。地下水供水量有 47.8% 分布在河北省，20.9% 分布在北京市，14.2% 分布在河南省，河北省工业地下水供水量占工业地下水总供水量的 54.5%。

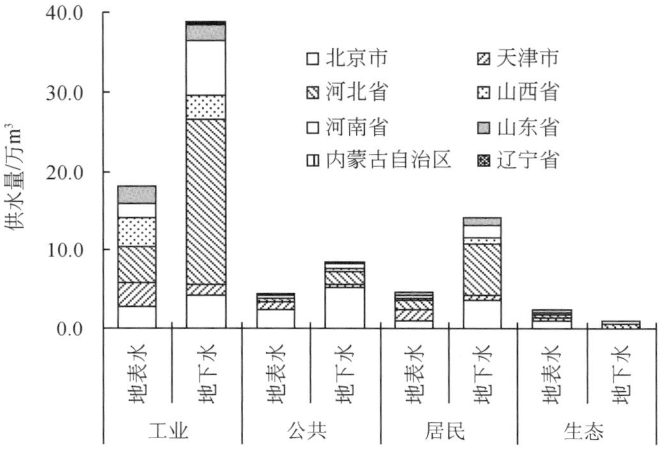

图 4-6 海河流域城市的供水结构（2005 年）

按照供水方式的不同，在海河流域城市水系统可分为自来水供水系统和自备水供水系统，2008 年海河流域主要城市市区供水量的结构如图 4-7 所示。可以看出，2008 年海河流域 20 个主要城市的市区供水总体上以公共供水为主（占 67.8%），以自建设施供水为辅（32.2%），只有 4 个城市例外，即安阳市、邢台市、鹤壁市和长治市，四个城市自建设施供水比例分别达 62.2%、62.0%、57.1% 和 54.6%。2008 年城市市区水厂生产能力的水源结构如图 4-8 所示。2008 年流域 20 个城市总体上水厂生产能力以地下水为主（占 69.5%），地表水为辅（占 30.5%），其中 100% 采用地下水的有 5 个城市，即邢台市、张家口市、承德市、廊坊市和衡水市，相对而言，天津市地表水供水能力所占比例最大，达93.7%；除天津市外，秦皇岛市、阳泉市、沧州市、德州市、保定市等城市地表水供水能力大于地下水供水能力。20个城市2008年城市供水量占供水能力的51.7%，公共供水设施闲置问题突出。随着城市规模的扩大，城市从地表水和地下水中提取水量，减少了区域天然状态下原有的地表、地下水体的蓄存量。

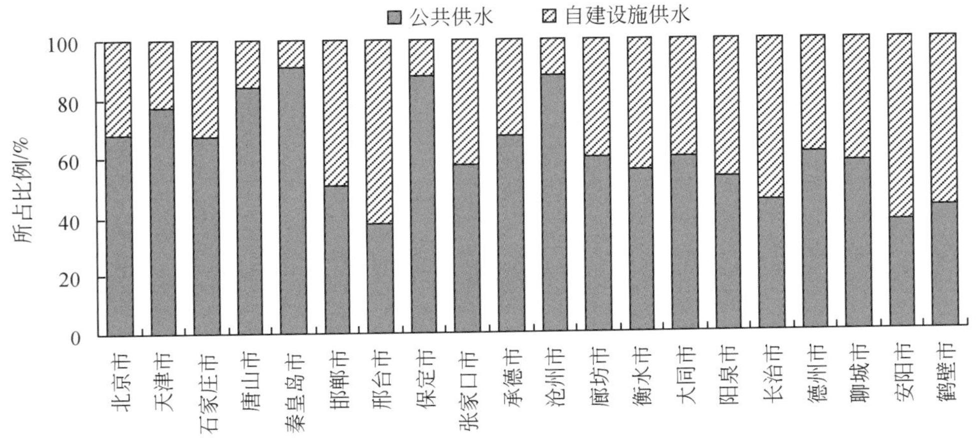

图4-7　海河流域城市市区供水量的结构（2008年）

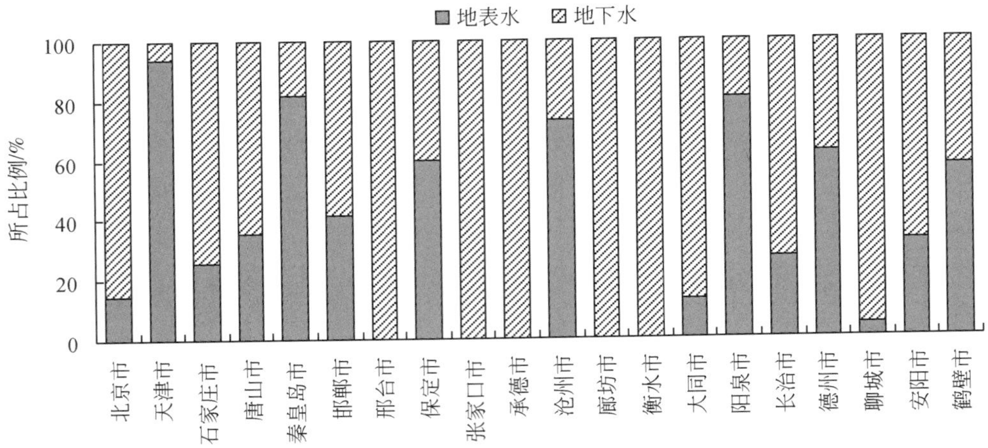

图4-8　海河流域城市市区水厂生产能力的水源结构（2008年）

例如，北京市早期的供水方式以自备水为主。自1910年开始建设了第一个自来水厂，历经100年，当前共建有10个自来水厂，如表4-1所示。自来水厂的取水水源主要为地下水，造成了对地下水的过度开采，形成面积较大的地下水漏斗区。随着 1985 年田村山水厂和 1995 年第九水厂的建设与运行，北京市城市供水逐步转为地表水和地下水联合供水方式。

表 4-1　北京市区自来水厂概况

水厂	供水能力/(万 t/d)	位置	投产年份	水源地情况
第一水厂	4.2	东北郊	1910	地下水
第二水厂	9	北郊	1949	地下水
第三水厂	39.6	西北郊	1958	地下水
第四水厂	5.5	西南部	1957	地下水
第五水厂	3.0	东北郊	1960	地下水
第六水厂①	17.2	东南郊	1959	通惠河、东南郊灌渠地表水
第七水厂	2.2	南郊	1964	地下水
第八水厂	50.0	东北郊	1979	地下水
第九水厂	150.0	北郊	1995	密云水库地表水
田村山水厂	17.0	西郊	1985	密云水库地表水
总计	297.7			

① 第六水厂为工业专用水厂，主要为东南郊化工企业提供生产性用水，有单独配水管线。

随着流域传统水源开发的难度加大，处理后回用的城市废污水作为稳定的第二水源（引自：《中国水资源公报，2001～2008 年》），在海河流域也得到应用。流域的城市再生水系统有两大类型：①集中型系统，以城市污水处理厂出水为水源，集中处理并通过输配管网输送给不同的用水户，如北京高碑店污水处理厂再生水系统（30 万 m^3/d）、北京酒仙桥污水处理厂再生水系统（2 万 m^3/d）、天津纪庄子再生水系统（17 万 m^3/d）、石家庄桥西再生水系统（10 万 m^3/d）；②分散型系统，在相对独立或分散的居住区、开发区、度假区，以及大型建筑或建筑群中，就地进行处理和再生水利用，如北京新世纪饭店中水处理工程（$15m^3/h$）、北京方庄小区再生水工程（4 万 m^3/d）、北京中苑宾馆（$6m^3/h$）。依据 2007 年开展的社会调查，海河流域 6 个省（市）再生水利用量为 12.1 亿 m^3，占全国再生水利用量的 67.5%，其中，42.5% 分布在北京市，30.3% 和 15.7% 分布在山东省和河北省，见图 4-9（Xu et al.，2001）。北京市再生水利用量为5.2亿m^3，其中96%为污水处理厂处理后的再生水利用，达4.95亿m^3，其余4%的再生水为居民小区、公共建筑的中水利用，再生水量为2054.4万m^3。北京市再生水利用总量仅占其污水排放量的44.5%，占污水处理量的55.8%。污水处理厂再生水利用的方式为，40.8%用于农林牧业方面、27.05%用于工业方面，18.1%用于景观环境方面，7.4%用于城市非饮用方面，6.7%用于地下水回灌方面。天津市污水处理厂再生利用量仅为568万m^3，仅占其污水排放量的0.9%，占污水处理量的1.3%，其中再生水的79.2%用于工业方面，20.8%用于景观环境方面。

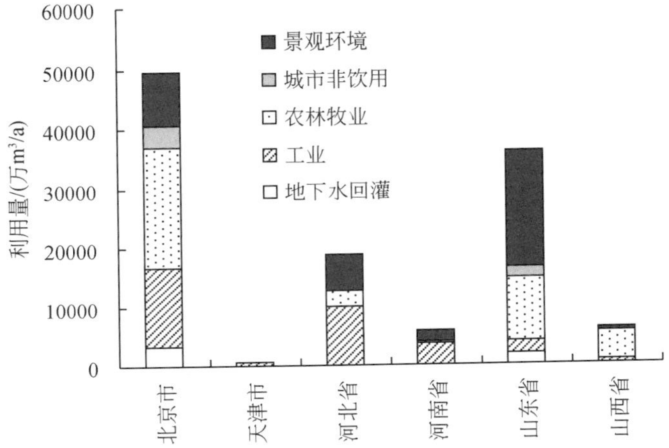

图4-9　海河流域主要城市污水再生利用的分类统计（2007年）

4.3　城市耗用水过程规律

4.3.1　用水通量不断增大后出现转折并趋于稳定，生活与公共用水量比例加大

海河流域1952~2008年城市用水通量演变过程如图4-10所示。城市用水通量从1952年的8.0亿m^3，增加到1999年的最高值97.4亿m^3，之后出现波动平缓下降并趋于稳定，2008年城市用水量为93.1亿m^3，是1952年用水通量的11.6倍，2000~2008年平均用水量为91.4亿m^3。城市用水占流域用水的比

例呈现缓慢增加趋势，从1952年的8.8%增加到2008年的25.1%。

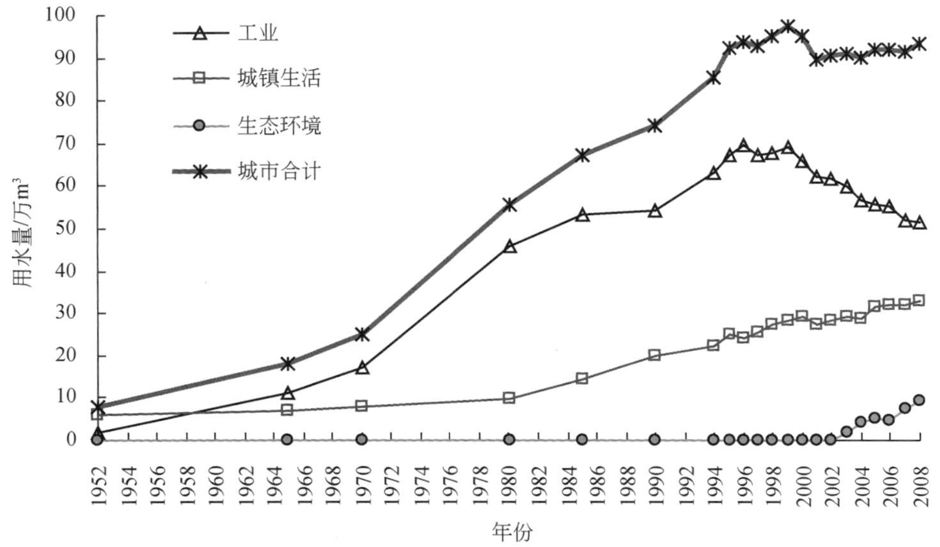

图4-10　近50多年来海河流域城市用水变化（1952~2008年）

从城市用水的构成看，工业用水从1952年的2.0亿m^3，增大到1999年的最大值69.1亿m^3，后缓慢下降到2008年的51.3亿m^3。1952~2008年工业用水占城市用水的比例呈倒V形曲线，1952年工业用水比例为25.%，1980年所占比例增大到最高值82.6%，之后呈现缓慢下降趋势，2008年工业用水比例为55.1%，仍是城市用水的主体，如图4-11所示。城镇生活用水（含城镇居民和城镇公共）则呈现缓慢上升的趋势，从1952年的6.0亿m^3，增加到2008年的32.66亿m^3。城镇生活用水占城市总用水量的比例呈V形曲线，从1952年的75.0%下降到1980年的最小值16.4%，之后所占比例缓慢上升，到2008年该比例为35.1%。生态环境用水自2003年开始统计，从1.9亿m^3增大到2008年的9.15亿m^3，占城市总用水量的比例从2003年的2.1%逐步提高到2008年的9.8%。

总体上看，近50年来海河流域城市化进程的加快，城市用水通量迅速增加，1999年工业用水和城市总用水量出现转折点，之后呈现缓慢下降趋势，这主要是由于城市工业节水力度的加大带来的明显效果。从不同用水类型所占比例的演化过程看，前30年，工业用水比例增加，生活用水比例增大；1960年

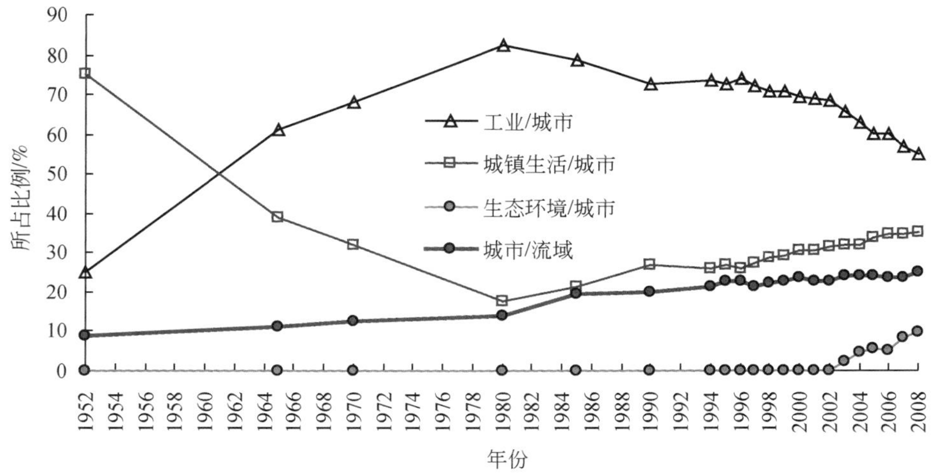

图 4-11　海河流域不同类型用水所占比例（1952～2008 年）

工业用水比例超过生活用水比例，后 20 年工业用水比例下降，生活用水比例上升，但工业用水比例仍略大于生活用水比例。

近 30 年来北京市、天津市和河北省城市用水通量的演变过程如图 4-12～图 4-14 所示。总体上看，1952～2008 年北京市、天津市和河北省的城市用水经历了缓慢增长后都出现了趋于平缓的趋势；生活用水逐步上升，工业用水呈现先增长后下降的趋势。城市用水分量上具有明显差异，北京市的生活用水量自 2001 年开始超过工业用水量，2008 年生活用水量比例达 59.9%；天津市的生

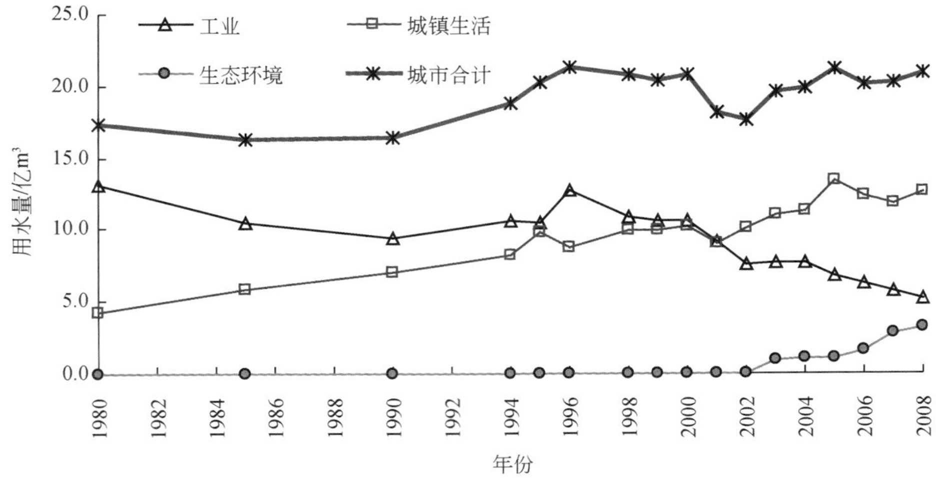

图 4-12　北京市用水通量演变过程（1980～2008 年）

活用水量小于工业用水量，到2008 年几乎两者持平，生活和工业用水量比例分别为44.4%和47.5%；河北省的生活用水量始终小于工业用水量，2008 年工业用水量比例达65.2%。

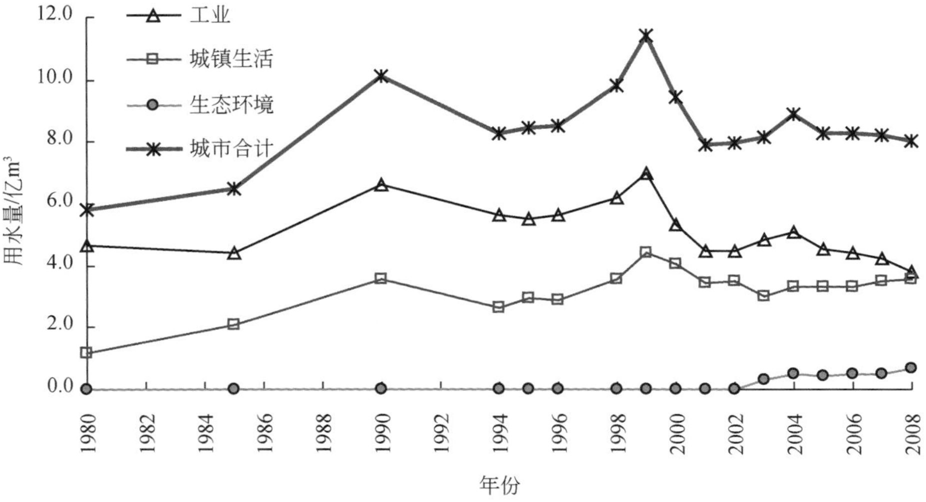

图 4-13　天津市用水通量演变过程（1980～2008 年）

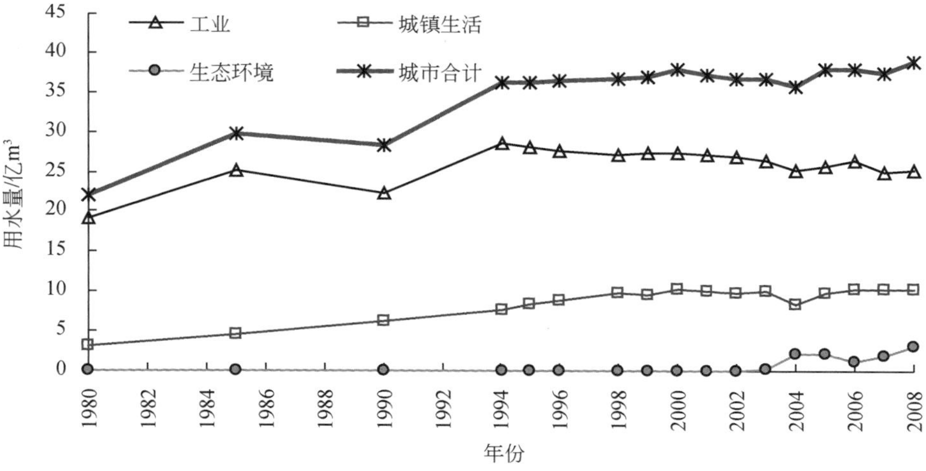

图 4-14　河北省用水通量演变过程（1980～2008 年）

4.3.2 用水通量在空间上主要分布在京津冀地区

从城市用水分布与结构看，2005 年海河流域城市用水量为 91.6 亿 m^3，其中，有 39.7% 分布在河北省，21.8% 分布在北京市，12.6% 分布在河南省，9.8% 分布在山西省，9.0% 分布在天津市，6.7% 分布在山东省，仅有 0.44% 在内蒙古自治区和辽宁省两省，京津冀地区集中了流域城市用水量的 70.5%，如表 4-2 所示。

表 4-2 海河流域 2005 年用水量

省级行政区	生活用水量/亿 m^3	工业用水量/亿 m^3	公共用水量/亿 m^3	生态用水量/亿 m^3	城市用水合计量/亿 m^3	城市用水占行政区总用水量比例/%	城市用水量占流域城市用水量比例/%
北京市	4.62	6.80	7.55	1.02	19.99	57.9	21.8
天津市	2.04	4.51	1.26	0.45	8.26	35.8	9.0
河北省	7.69	25.61	2.16	0.91	36.38	18.4	39.7
山西省	1.09	6.99	0.73	0.13	8.94	41.2	9.8
河南省	1.88	8.42	0.73	0.48	11.52	30.4	12.6
山东省	1.35	4.17	0.37	0.29	6.18	9.9	6.7
内蒙古自治区	0.11	0.19	0.02	0.01	0.33	20.7	0.4
辽宁省	0.006	0.030	0.004	0.00	0.04	20.1	0.04
流域合计	18.79	56.73	12.83	3.29	91.64	24.1	100.0

城市用水的 61.9% 集中在工业领域，其用水量达 56.7 亿 m^3，工业用水的 65.1% 分布在京津冀地区，工业用水的 45.1% 分布在河北省；城市用水的 20.5% 和 14.0% 集中在城镇生活用水和城镇公共用水中，分别达 18.8 亿 m^3 和 12.8 亿 m^3，分别有 76.4% 和 85.5% 分布在京津冀地区；城市用水的 3.6% 为生态环境用水，其中有 72.5% 分布在京津冀地区，如图 4-15 所示。除北京市以生活用水为主体外，其他地区主要以工业用水为主体，特别是天津市、河北省、山东省、河南省和山西省，见图 4-16。

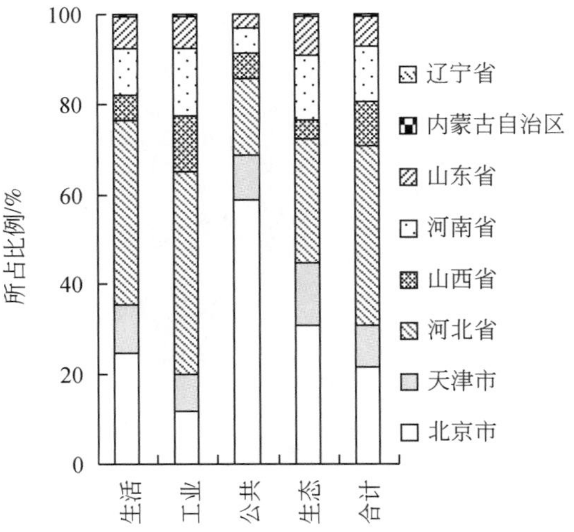

图 4-15　流域不同行政区城市用水的构成

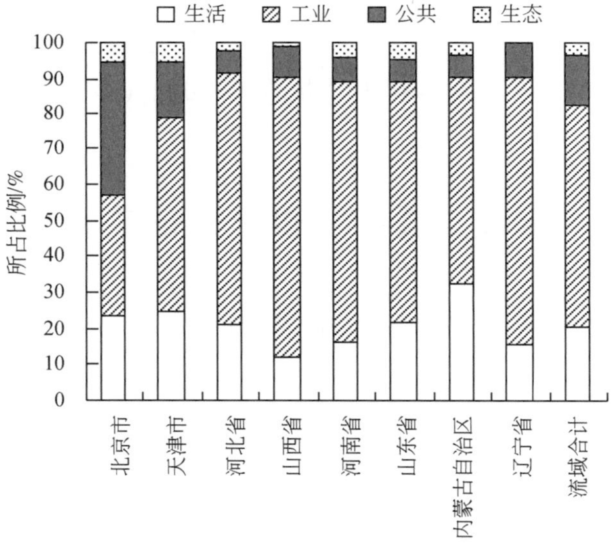

图 4-16　流域城市用水在不同行政区的分布

城市用水量在流域的空间分布如图 4-17 所示。可以看出，2009 年海河流域城市用水的 43.8% 集中在北京市，19.1% 集中在天津市，14.3% 分布在唐山市，13.6% 分布在石家庄市，这四个城市用水所占比例合计达 90.7%。

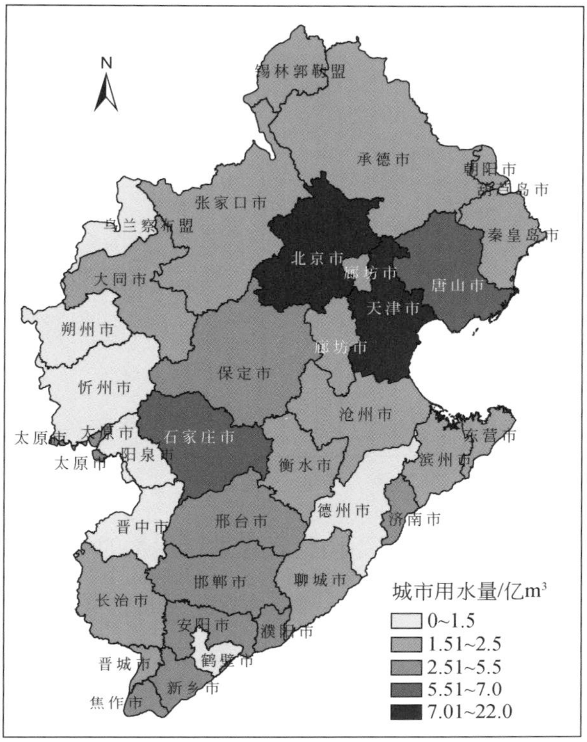

图 4-17　流域城市用水量的空间分布（2009 年）

4.3.3　市区的用水高度集中，供水保证率和水质刚性要求强

市区用水是城市用水的重要组成部分。市区主要包括城区和郊区，不包括下辖的县和县级市。据统计，海河流域主要城市的市区面积占 10.9%，却集中了平均 61.1% 的城市 GDP 和 60.6% 城镇人口，如图 4-18 所示。

2008 年流域 20 个城市市区（含近郊）的总用水通量为 37.5 亿 m^3，占全国 667 个城市总用水总量的 7.5%，占流域城市总用水量的 40.3%。其中，北京市、天津市和石家庄市和唐山市的市区用水通量最大，分别为 14.3 亿 m^3、6.8 亿 m^3、2.2 亿 m^3 和 2.0 亿 m^3，所占比例分别为 37.9%、18.2%、6.0% 和 5.3%，市区用水通量较少的为衡水市、廊坊市和鹤壁市，其用水通量不足 4500 万 m^3，如图 4-19 所示。

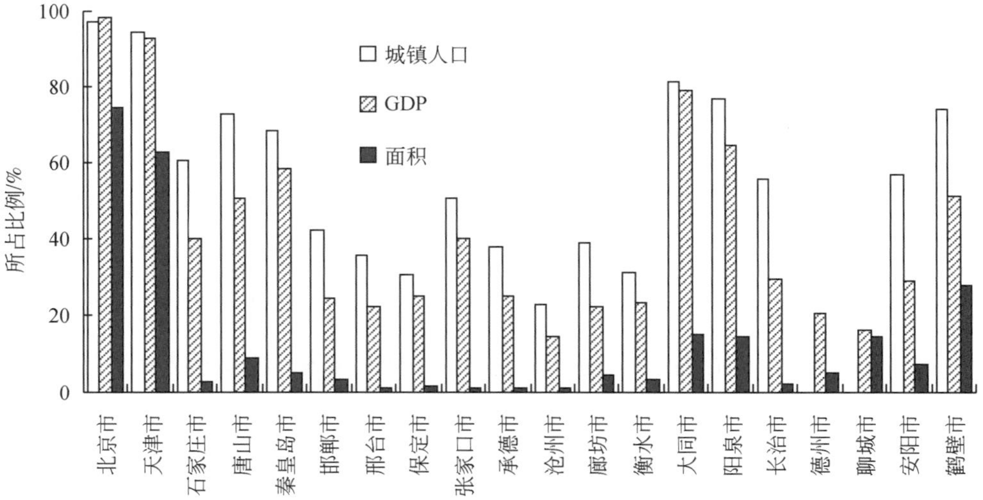

图 4-18　市辖区城镇人口与 GDP 集中性程度

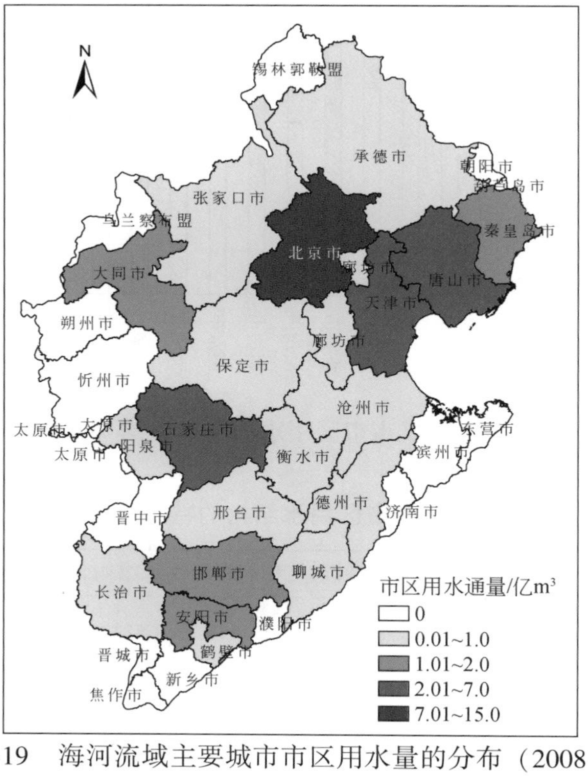

图 4-19　海河流域主要城市市区用水量的分布（2008 年）

就用水通量结构看，海河流域主要城市市区以生活用水和生产运营用水为主，这 20 个城市平均有 32.8% 为居民家庭用水，19.2% 为公共服务用水，32.8% 为生产运营用水，其余用水所占比例较小。由于城市供水管网建设的年代久远，城市供水管网漏水率达 10.5%。不同城市的用水通量结构如图 4-20 所示，其中，北京市是公共服务用水比例最大的城市，占总用水量的 30.3%，这主要受到其政治文化中心的影响；生产运营比例最大的是安阳市，占总用水量的 61.8%，居民家庭用水比例最大的是聊城市，占总用水量的 52.1%。海河流域 20 个主要城市市区用水结构的特点总结如表 4-3 所示。聊城市、唐山市、廊坊市、衡水市和承德市 5 个城市市区用水属于"生活+第二产业"主导型，有 14 个城市市区用水属于"第二产业+生活"主导型；仅北京市属于"生活+第三产业"主导型。

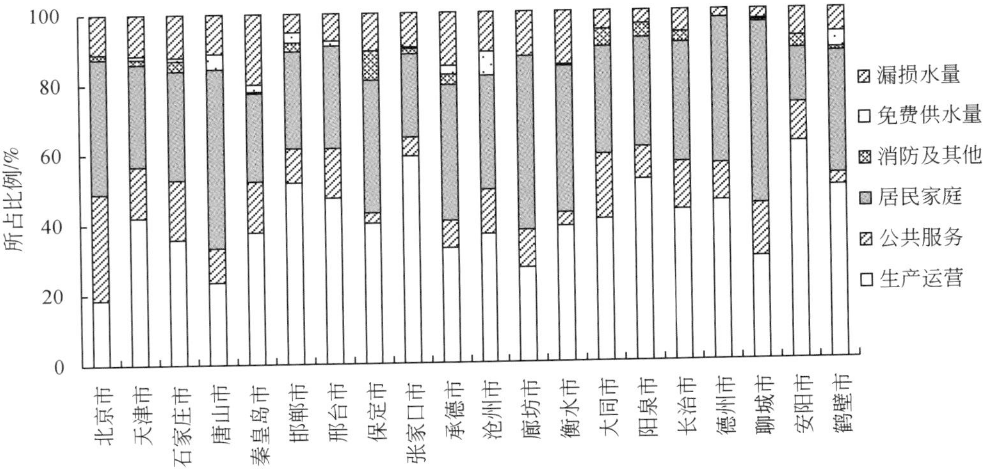

图 4-20 不同城市市区用水的基本结构（2008 年）

表 4-3 市区用水结构的特点总结

编号	用水主导	城市名称与市区用水结构	城市数量
1	生活+第二产业	聊城市（52.1%，29.1%）、唐山市（51.1%，23.2%）、廊坊市（49.9%，26.9%）、衡水市（42.0%，38.7%）、承德市（39.2%，32.7%）	5

续表

编号	用水主导	城市名称与市区用水结构	城市数量
2	第二产业+生活	安阳市（61.8%，15.7%）、保定市（40.1%，38.0%）、鹤壁市（49.4%，35.1%）、长治市（43.2%，33.7%）、沧州市（36.7%，32.9%）、石家庄市（35.6%，31.4%）、阳泉市（51.7%，31.0%）、大同市（40.5%，30.5%）、天津市（41.9%，29.5%）、邢台市（47.4%，29.2%）、邯郸市（51.8%，27.9%）、秦皇岛市（37.4%.25.5%）、张家口市（59.2%，24.2%）、德州市（45.3%，41.3%）	14
3	生活+第三产业	北京市（38.7%，30.3%）	1

4.3.4 城市经济社会用水产出具有高效益

水作为必要的生命物质和生产原料，用于城市方面具有较高的效益和价值。天津市 2004 年不同地区三次产业单位用水效益的对比如图 4-21 所示。可以看出，第一产业单位用水量的增加值最小（平均为 8.2 元/m^3），第二产业和第三产业单位用水量增加值较大，分别为 307.8 元/m^3和 1021.5 元/m^3，分别平均是第一产业单位用水量的 37.8 倍和 125.4 倍。由于第二、三产业主要集中在城市中，说明了水用于城市第二、三产业的高效益性。随着第二产业工艺和渗漏环节的改进、第三产业的蓬勃发展，城市用水的效益仍将进一步提高。

4.3.5 城市用水系统效率仍有待于进一步提高

海河流域的工业节水开始于 20 世纪 80 年代初期，工业增加值从 1980 年的 481 亿元，增加到 2005 年的 10 652 亿元，增长了 21.1 倍，而工业用水量从 1980 年的 46 亿 m^3，增长到 2005 年的 56.7 亿 m^3，仅增长了 0.23 倍。工业万元增加值用水量的变化过程如图 4-22 所示，2008 年工业万元增加值用水量已从 2001 年的 122 m^3/万元降低到 28m^3/万元，降低了 77%，天津市和廊坊市已分别降低到 11m^3/万元和 21m^3/万元。尽管海河流域城市节水在我国已处于较高

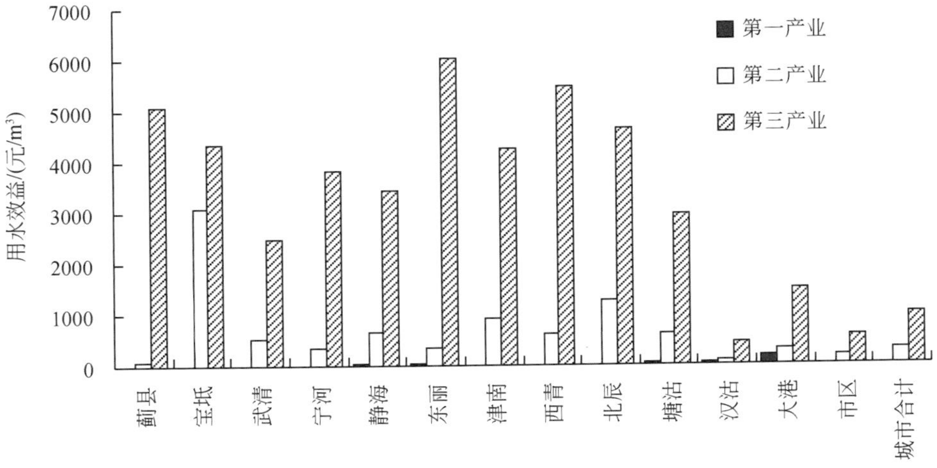

图 4-21　天津市不同地区三次产业单位用水效益的对比（2004 年）

水平，但仍存在水管理体制不健全、节水政策不完善、水价偏低、节水设备更换慢，以及城市管网老化等区域不平衡问题，与国际先进水平还有差距，仍有一定的节水潜力。例如，在供水管网方面，2008 年海河流域 20 个城市的管网漏损率平均为 10.5%，最高的达到 20.0%（秦皇岛市），有 5 个城市超过 12% 的全国平均水平（11.9%），有 11 个城市不能满足《节水型城市目标导则》的 8% 要求，详见图 4-23。

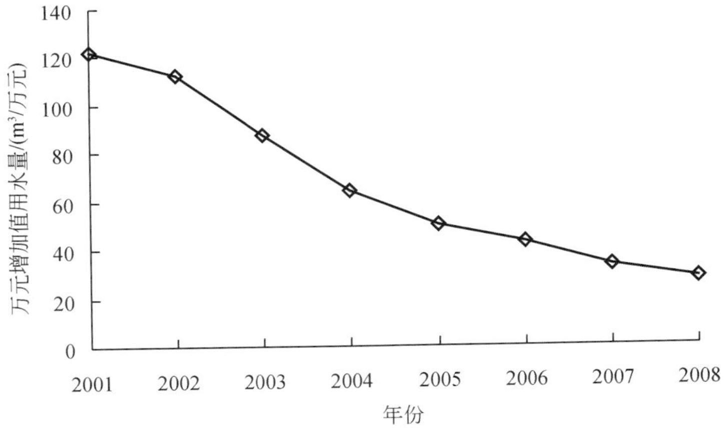

图 4-22　海河流域工业万元增加值用水量的变化（2001 ~ 2008 年）

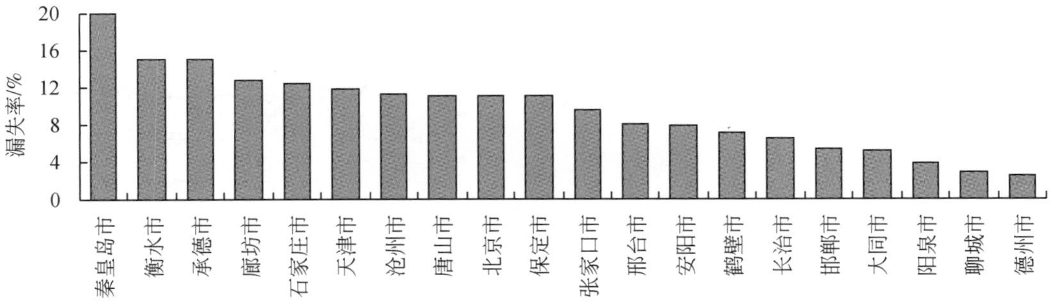

图 4-23　海河流域主要城市供水管网漏失率（2008 年）

4.4　城市污废水排放与处理过程

4.4.1　城市生活和工业耗水率较低，城市污废水集中排放

海河流域的城镇生活和工业的耗水率较低，不足 50%，1994 ~ 2008 年，海河流域城镇生活的耗水率的范围为 22% ~ 42%，平均为 35%；工业耗水率的范围为 37% ~ 49%，平均为 45%；随着工业重复利用水平的提高，1998 ~ 2008 年工业耗水率缓慢上升；随着城市生活节水器具的采用，城镇生活用水的耗水率呈缓慢下降趋势，见图 4-24。城市工业和生活用水的耗水率较低，使得大部分用水以生活污水和工业废水形式排到周围水体中。相对而言，城市生态的耗水率基本与农田灌溉、林牧渔用水，以及农村生活用水的耗水率水平相当。1994 ~ 2008 年城市生态环境耗水率的范围为 71% ~ 85%，平均为 78%；农田灌溉耗水率的范围为 73% ~ 77%，平均为 96%；林牧渔业的耗水率的范围为 75% ~ 85%，平均为 81%；农村生活的耗水率的范围为 77% ~ 99%，平均为 86%。

1989 ~ 2008 年北京市、天津市和河北省城市污废水的排放过程如图 4-25 ~ 图 4-27 所示。北京市、天津市和河北省城市污废水排放量呈现波动中缓慢增加的趋势，其中，生活污水排放量缓慢上升，工业废水排放量逐步下降（北京市）或趋于平缓（天津市、石家庄市）。2008 年，北京市、天津市以生活污水排放为主体，河北省生活污水和工业废水的排放基本持平，北京市、天津市和河北省生活污水

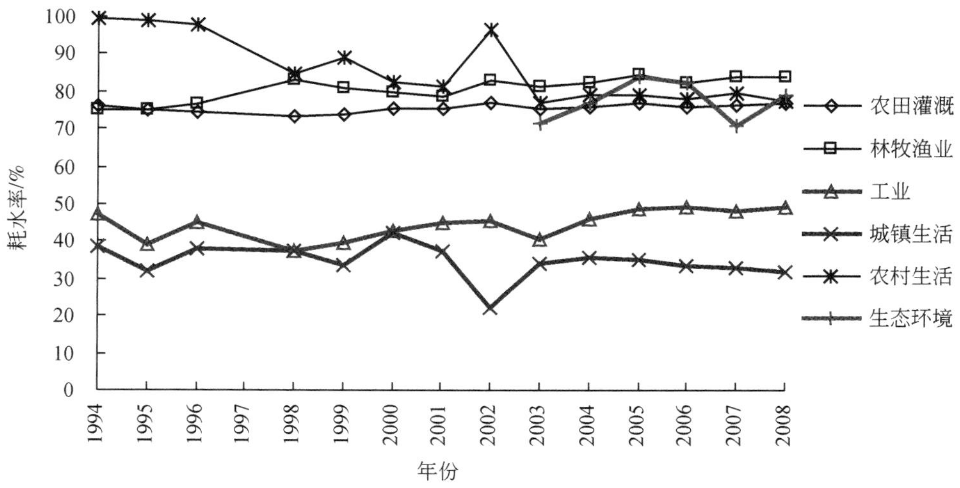

图 4-24　海河流域不同类型用水耗水率比较（1994～2008 年）

排放量所占比例分别为 92.6%、66.6% 和 48.4%。

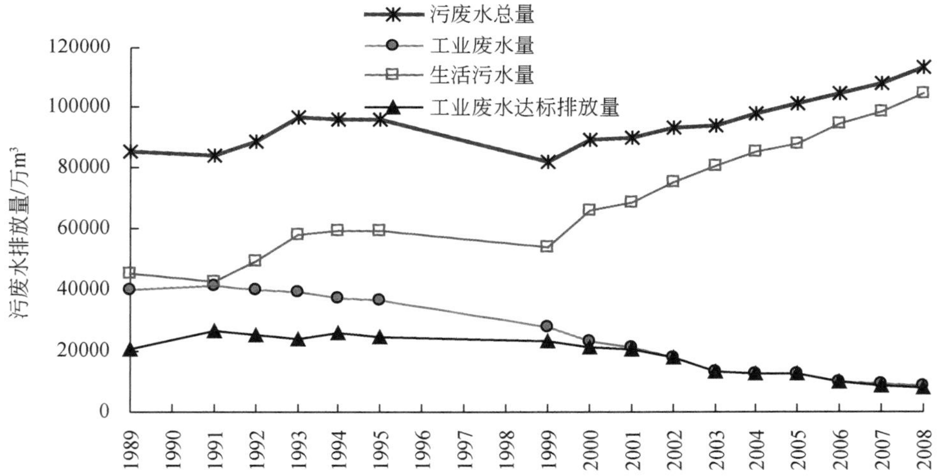

图 4-25　北京市污废水排放通量的演变过程（1989～2008 年）

4.4.2　城市给排水管网的高密度建设分离了自然水循环过程

城市供水管网的建设在很大程度上减少了地下渗漏量，提高了城市供水效

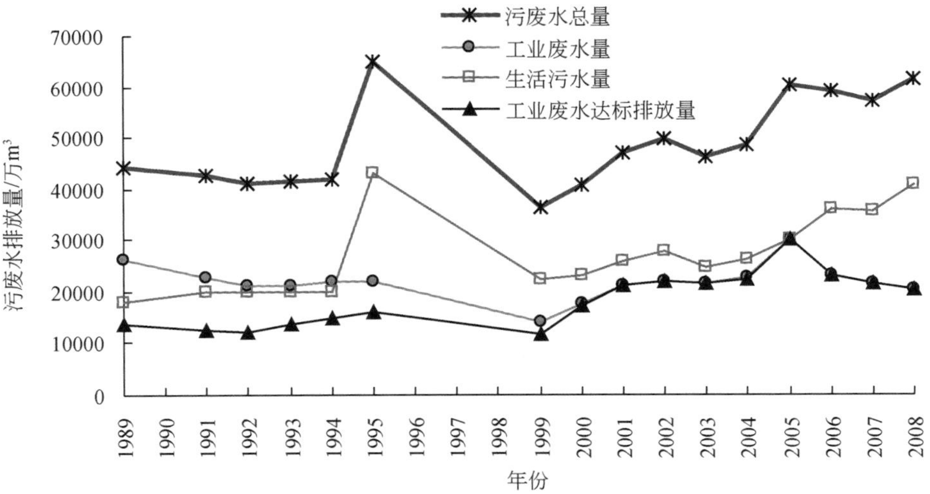

图 4-26　天津市污废水排放通量的演变过程（1989 ~ 2008 年）

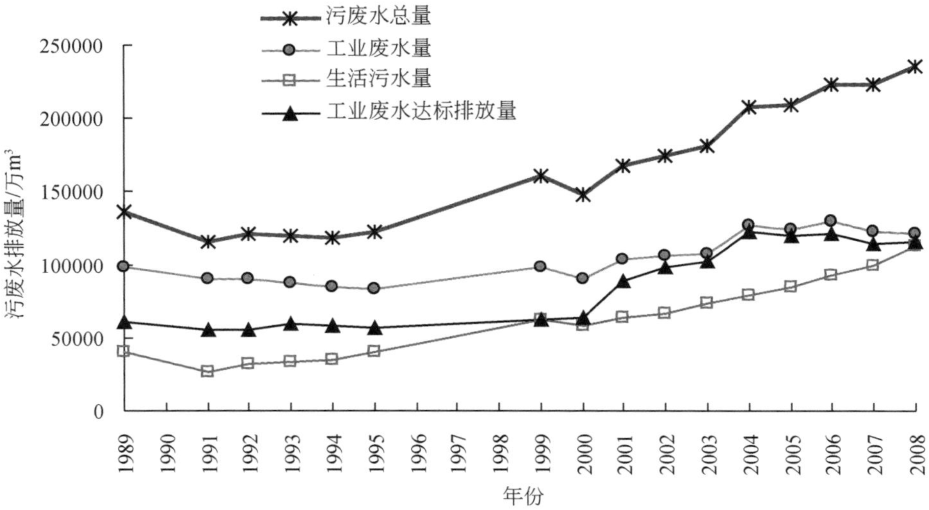

图 4-27　河北省污废水排放通量的演变过程（1989 ~ 2008 年）

率；城市排水与污水管道系统的完善，增加了降水汇流的水力效率。海河流域 20 个主要城市 2008 年建设的城市供水管道长度达 4.6 万 km，排水管道长度为 3.8 万 km（其中污水管道长度为 1.5 万 km）。其中，这些管道主要集中在北京市、天津市两大城市，供水管道长度分别占总长度的 51.9% 和 18.0%，排水管道分别占总长度的 23.3% 和 35.4%；污水管道分别占总长度的 29.5% 和 41.0%，见图 4-28。全市排水管网密度最高的是石家庄市，为 8.5km/km^2；建成区管网密度最高的是天津市，为 20.9km/km^2，如图 4-29 所示。

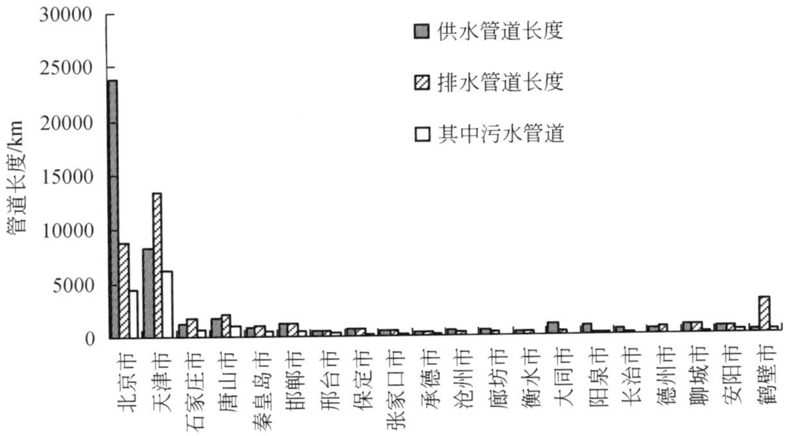

图 4-28　海河流域城市供水管道、排水管道和污水管道长度（2008 年）

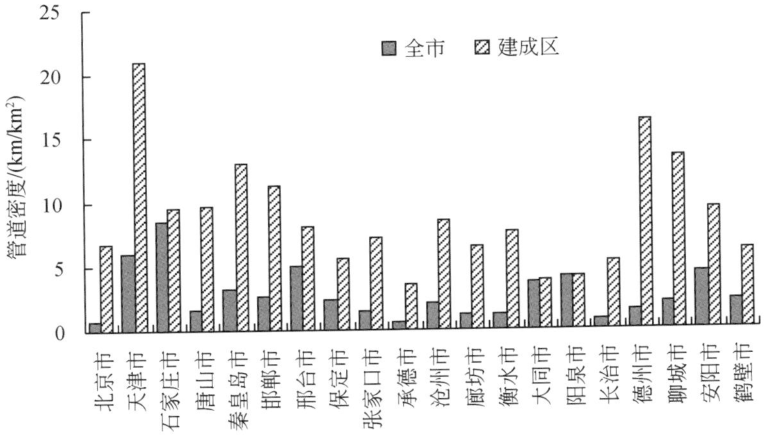

图 4-29　海河流域全市和建成区排水管道密度（2008 年）

4.5　本章小结

海河流域城市化水平、经济发展水平、人口数量、产业结构和规模水平、基础设施建设水平等各不相同，其各环节各行业的水循环通量也变化较大，因此本章要在海河流域 35 个城市中筛选出具有典型代表的 20 多个城市，并针对其供水、用水、排水几个环节的水循环通量的演变规律进行分析。海河流域大多数城市的供水方式是以公共供水为主，以自建设施供水为辅，供水水源是以地下水为主，地表水为辅；其耗用水过程中，用水通量不断增大后出现转折并趋于稳定，生活与公用用水量比例逐渐加大，城市生活和工业耗水率较低；城市污废水集中排放量逐渐增大等规律明显。

第 5 章　海河流域不同类型城市水循环模式的实证研究

由于城市地理位置、气候特征以及规模大小的差异性，城市水循环在循环路径、内部结构以及通量变化上不尽相同。海河流域南北跨度较大、东西地形地貌迥异，水循环特征在空间尺度上存在较大的异质性，加之城市经济结构的差异，不同城市水循环必然具有不同的典型特征。选取城市水循环过程中的关键因素为指标，对海河流域主要城市进行分类并进行典型类型城市水循环的分析，是深入研究海河流域城市水循环模式的重要内容，也是城市水循环机理研究的补充。

5.1　海河流域主要城市的聚类分析

城市水循环模式受到城市发展方向、阶段的制约而呈现不同的特征，因此有效区分城市类型是城市水循环模式科学识别的基础和出发点。通过分析海河流域 20 个典型城市的 10 项主要社会经济及用水指标，应用主成分分析法和聚类分析技术划分了海河流域主要城市类型，并对其总体特征进行识别描述。所选取的分类指标包括：①表征城市规模的人口指标；②表征城市经济总量及结构的产值指标：第一产业、第二产业和第三产业 GDP 总量；③表征城市用水规模和结构的用水量指标，即工业用水量、居民生活用水量、城镇公共用水量、生态环境用水量；④表征城市水源特征的非常规水源指标，即再生水利用量和污水处理量。

首先对数据进行归一化处理以消除不同指标间的量纲差异，并在聚类分析之前对所选的 10 个指标进行主成分分析，去除了指标间的关联性和数据冗余，最终将原有的 10 个筛选指标转化为能够基本包含其全部信息的两个主成分因子：f_1，f_2。分析其主成分变换矩阵可知：f_1是与城市人口、三产 GDP、生活用水量、生态用水量，以及污水处理和再生水利用量高度相关的综合指标，而f_2为反映第一产业、第二产业 GDP 和工业用水量综合信息的指标。

基于以上两个因子对海河流域 20 个典型城市进行聚类，其聚类结果如图 5-1 所示。

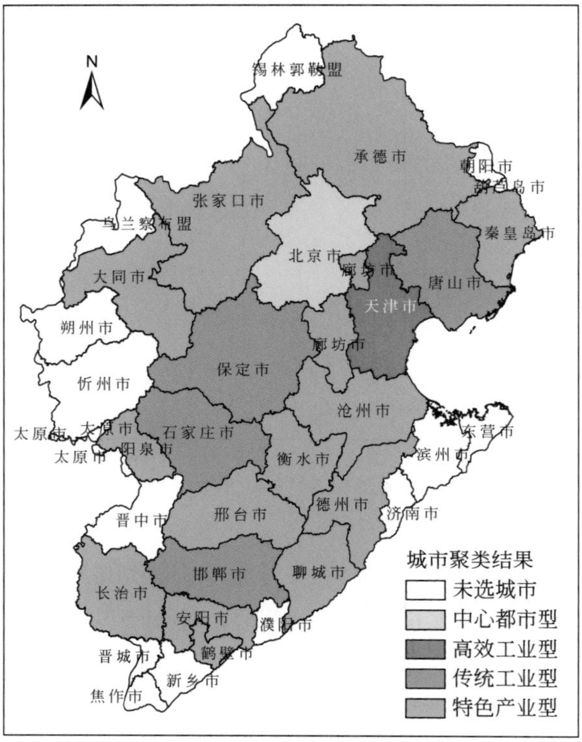

图 5-1　海河流域主要城市的聚类结果

由聚类结果分析可知，海河流域典型城市大致可以归入中心都市型、高效工业型、传统工业型和特色产业型四种类型（图 5-2）。

5.1.1　中心都市型

中心都市型代表城市为北京市，这类城市处于城市发展的高级阶段，城市化程度极高，城市人口规模庞大，经济发达，产业结构调整趋于完善。这类城

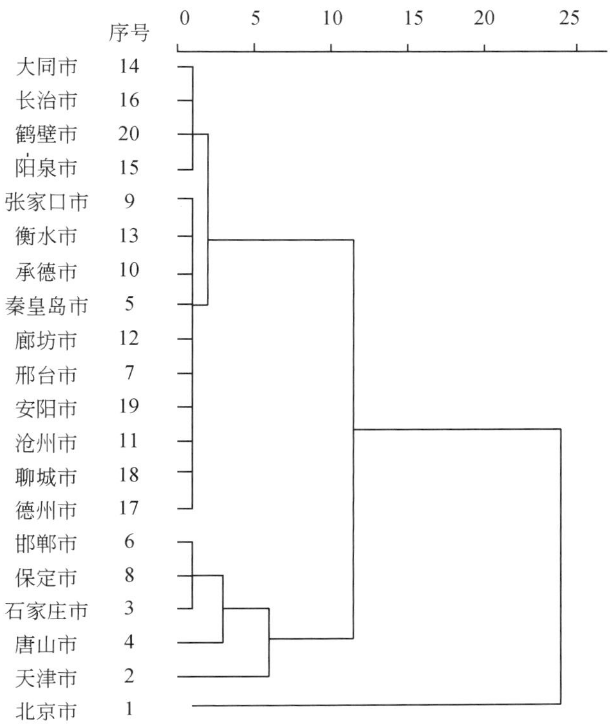

图 5-2　城市聚类树状

市在区域社会经济体中处于中心地位，对整个区域的经济增长起到带动作用，成为整个区域发展的增长极，城市产业结构中第三产业超越第二产业成为主导产业。其主要用水特征包括：

1）第三产业用水及生活用水在城市总用水量中所占比例大；

2）人均生活用水量及生态环境用水量远高于其他类型，这与经济水平的提高激发市民对生活水平和居住环境的较高期望有关；

3）再生水利用率高；

4）污水处理程度高。

5.1.2　高效工业型

高效工业型的代表城市为天津市。这类城市处在城市发展的较高级阶段，城市化程度较高，城市人口众多，经济发达，产业结构处于调整过程中。主要特点为生产制造型经济作为城市的主要增长点且生产效率高，社会、环境发展相对经济发展具有一定滞后性。其主要用水特征包括：

1）第二产业用水在用水总量中占用比例大；

2）生态环境用水在用水总量中所占比例较小；

3）再生水利用率较低；

4）工业用水效率高且污水处理程度较高。

5.1.3 传统工业型

传统工业型的代表城市有石家庄市、唐山市、邯郸市、保定市，此类型城市基本处于城市发展的中级阶段，人口规模较大，第二产业作为支撑产业，第三产业比例低，经济产业结构有待进一步调整。其主要用水特征表现为

1）第二产业用水比例巨大；

2）生态用水及人均生活用水量较低；

3）工业用水效率有待进一步提高；

4）非常规水源的利用率低。

5.1.4 特色产业型

特色产业型的代表城市为秦皇岛市、承德市、衡水市、张家口市等海河流域其他 14 个城市。这一类型城市经济水平、单位用水指标和用水效率均低于前三类。每个城市均有各自的特色支柱产业及相应的用水特点。因此，将此 14 个城市进行归类。

综合上述聚类结果，海河流域 20 个典型城市可划分为四大类：第一类为北京市，人口多，三产用水大，生活、生态、非常规水源用水大，用水效率高；即两大主成分因子分数都较高。第二类为天津市，人口较多、第二产业、第三产业用水相对较高，但是再生水利用量相对较少，第二产业用水效率极高；第三类为石家庄市、唐山市、邯郸市、保定市，人口数量相对较少，第一产业、第二产业、第三产业、工业用水占总用水比例较大，用水效率有待进一步提

高；第四类是其他 14 个城市，人口少，再生水利用量和污水处理量少，第一产业、第二产业、第三产业、工业用水量一般的城市。

5.2 中心都市型城市——北京市

5.2.1 人与自然和谐发展的政治、文化中心

北京市地处华北平原西北部，四周被河北省包围，东南与天津市相接。区内下辖 14 区 2 县，见图 5-3，土地面积 16 411 km^2，市辖区面积 12 358 km^2，建成区面积 1381 km^2，截至 2009 年，常住总人口 1755 万人，城镇人口 1491.8 万人。区内多山地、平原，属温带半干旱半湿润性季风气候，年水面蒸发量 1120 mm。区内有密云水库、怀柔水库和十三陵水库及潮白河、北运河、永定河、拒马河和汤河五大河，主要属海河水系。

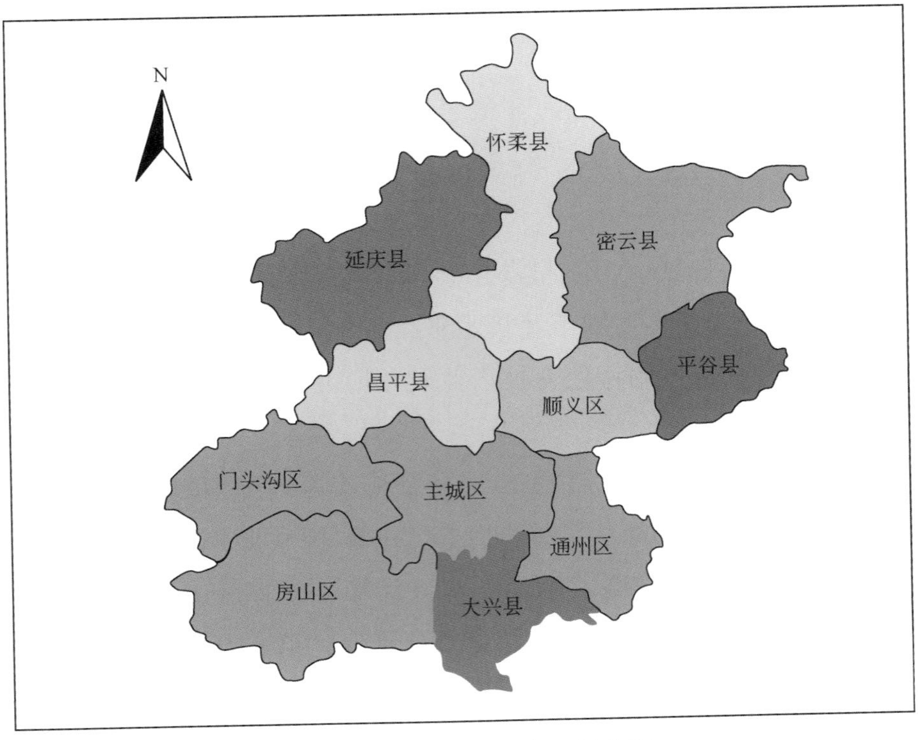

图 5-3 北京市的行政区划范围

北京市作为我国首都，是我国政治、文化和国际交往的中心，是京津冀和环渤海都市圈的核心城市。2009 年地区生产总值 11 895.9 亿元，人均地区生产总值 6.7 万元，三产比为 1.1 : 25.7 : 73.2。2009 年城市竞争力报告中，北京市名列产业层次竞争力第 12 名，科学技术竞争力位居第一，人才竞争力位居第二；2009 年城镇居民人均可支配收入达到26 738元。2005 年，《北京市城市总体规划》提出，在未来北京将重点致力于“宜居城市”建设，统筹人与自然之间和谐发展，逐步改善和提高北京市生态环境。

5.2.2 中心都市型城市水循环模式特点

北京市作为生态型都市的典范，其水循环过程不断满足城市的发展和人民日益增长的用水需求。2005 年，《北京市城市总体规划》提出此目标后，北京市在重视以往的城市水系统“供（取）—用—耗—排”四大过程的基础上，进一步加大对再生水回用、污水处理率、节水措施等环节的重视和投入，在循环路径和循环单元结构上加大改造，在循环通量上严加控制，经过近五年的发展，已取得了长足的进步，见图 5-4。

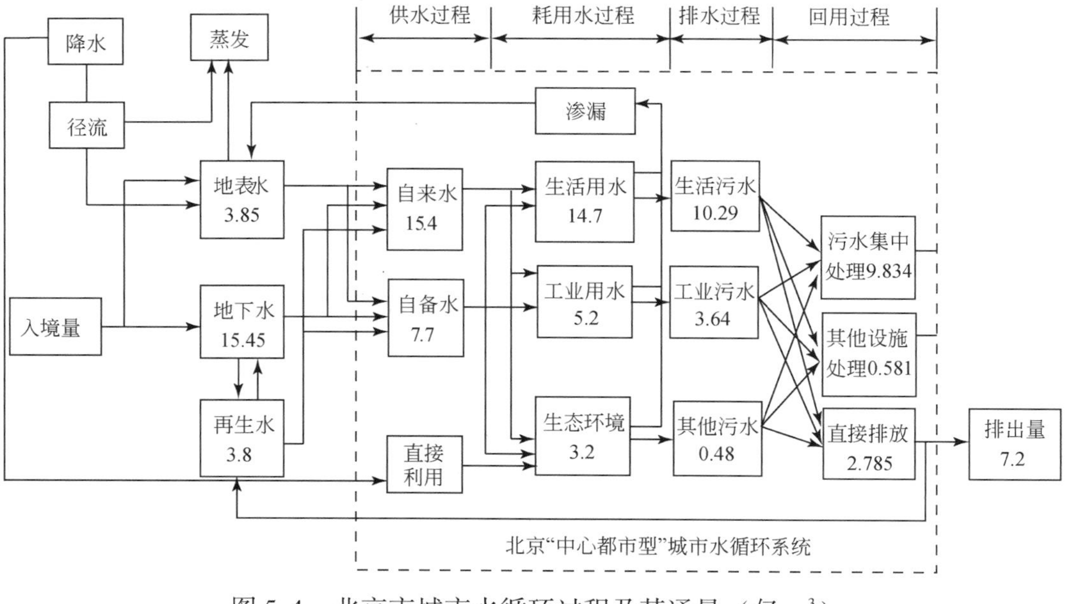

图 5-4 北京市城市水循环过程及其通量（亿 m^3）

图 5-5 是北京市历年供水总量、污水排放总量、再生水利用量及节水量的对比曲线图。这五年中北京市供水总量略有下降，2008 年供水总量为 14.25 亿 m^3，是 2005 年供水总量的 98.5%。污水排放量略有增加，2008 年污水排放量为 1.32 亿 m^3，是 2005 年污水排放量的 1.17 倍。而供水量与排水量之间的差值主要为用水与耗水，减少了 1/3，由 2005 年的 3.22 亿 m^3，减小到 2008 年的 1.04 亿 m^3。再生水利用量和节水量均不断增加，2008 年再生水利用量为 6 亿 m^3，是 2005 年的 2.31 倍；节水量是 2005 年的 1.87 倍。

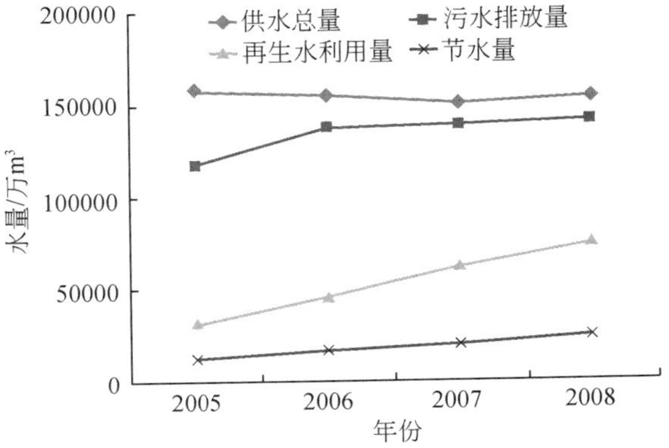

图 5-5　北京市历年循环通量变化

由图 5-6 可知，北京 2005 ~ 2008 年来污水处理率和再生水利用率均不断增加，2008 年污水处理率和再生水利用率分别是 2005 年的 1.26 倍和 1.97 倍。今后一段时间，北京市还将全力完善市区再生水配送系统，加快大型绿地、高尔夫球场、郊野公园、农业灌溉由再生水替代新鲜水的步伐。

5.2.3　中心都市型城市的耗用水及污染物排放特点

5.2.3.1　以生活用水为主的城市用水结构

城市的用水是复杂多样的，参照不同的标准，用水类型的划分也各不相同。根据国民经济行业分类进行的用水类型划分具有明显的产业特征，可分为第一产业用水、第二产业用水、第三产业用水。按照城市用水的目的不同又可分为生产用水、生活用水。北京市 2001 ~ 2008 年各用水量变化情况如图 5-7 所

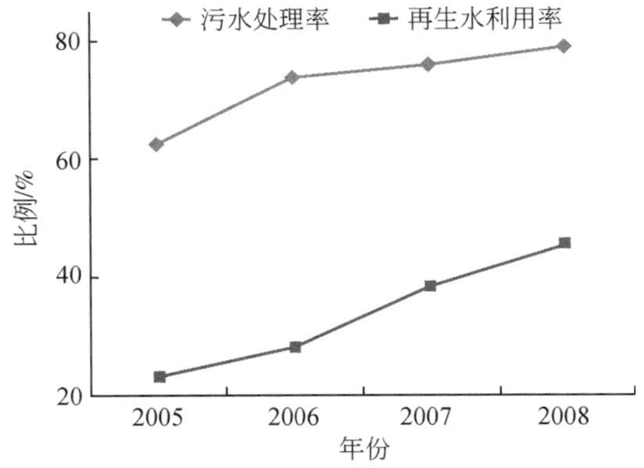

图 5-6 北京市污水处理率和再生水利用率

示。由图可见，2005 年后，用水比例发生明显改变，城市生活用水已经取代农业用水成为北京市用水中所占比例最高的用水类型，2008 年生活用水占总用水量的 41.9%，是农业用水的 1.225 倍。

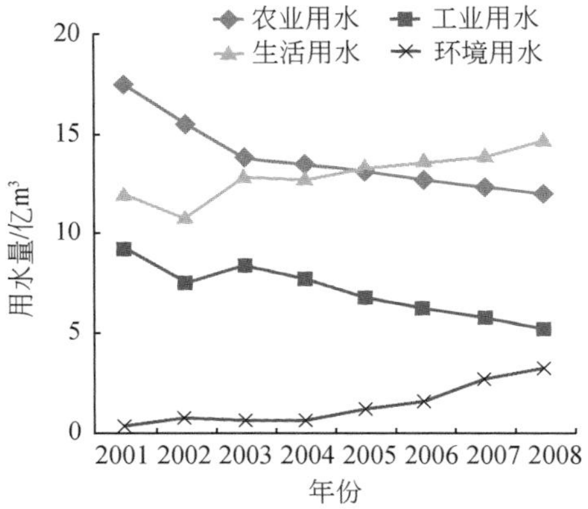

图 5-7 2001 ~ 2008 年北京市分类别用水量

生活用水主要的消耗主体是人，人口的急速增长必然是影响生活用水量的敏感因素。图 5-8 为 1978 ~ 2009 年北京市人口增长过程，分析北京市近年来人口增长的原因主要包括：①城镇化造成本地城镇户籍人口的增加；②第三产业的迅猛发展以及教育业发展使得大量高科技人才涌进北京；③ 城市化发展使得基础设施不断建设、服务理念不断提升，城市发展需要大量外来务工人员，使得在京流动人口数不断增加。

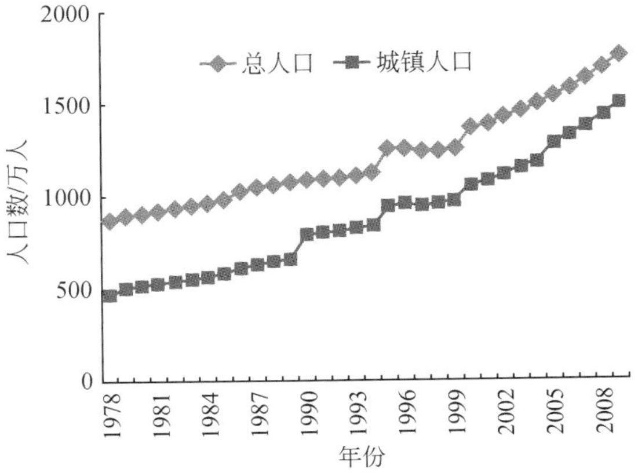

图 5-8　1978 ~ 2009 年北京市人口增长

5.2.3.2　人口数为影响公共生活用水的首要因素

城市生活用水主要由居民家庭生活用水、公共生活用水、环境用水三部分组成。由于在中心城区集中了城市大部分的人口和产业，因此其用水量也高度集中。图 5-9 为 2004 年北京市城镇生活分类别用水量统计，由图可见，公共生活用水和居民家庭生活用水是城镇生活用水的主要组成部分，其中公共生活用水占全市用水量的 61.37%；其中，中心城区（东城、西城）的用水量均超过 50%，说明高度集中的人口和各产业生活用水量巨大。

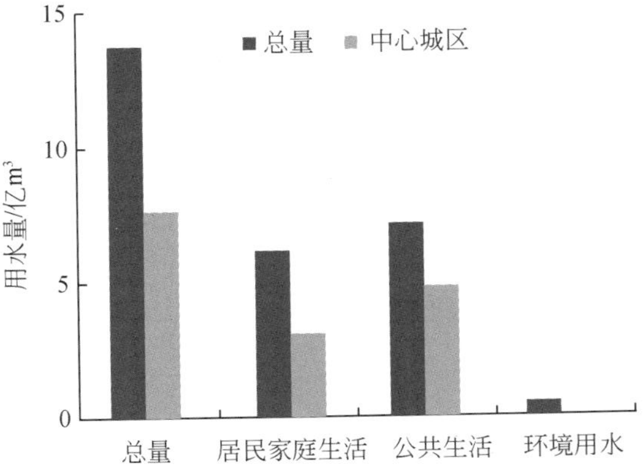

图 5-9　2004 年北京市分类别生活用水量

将城镇生活用水量所占比例最大的公共生活用水进一步解剖，根据其用水行业类别构成，细分为机关、学校、宾馆、商业等 10 个行业，图 5-10 为 2004 年北京市各行业公共生活用水量。由于公共生活用水量主要受人口数量直接驱动，因此在这 10 个行业中，人口数量最大、人口密度最集中的行业则用水量最大。图中显示用水量从大到小依次排序为机关（含写字楼）、学校、宾馆、商业、部队、餐饮、医院、科研，其用水总量占公共生活用水总量的 91.77%。而排名靠前的四个行业，机关、学校、宾馆、医院的用水量占公共生活用水总量的 55.83%，表明这四个行业的从业人口和聚集人口数量最多，是北京市公共生活用水的最主要组成部分。近几年，第三产业尤其是机关（含写字楼）的从业人员持续快速增长（图 5-11），2008 年北京市第三产业从业人员已接近全市总人口的 72.4%，因此公共用水（第三产业用水主要组成）也随之相应增加。

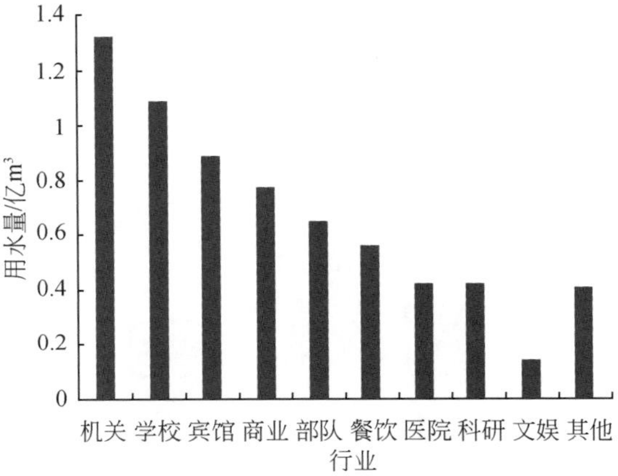

图 5-10　2004 年北京市公共生活用水量

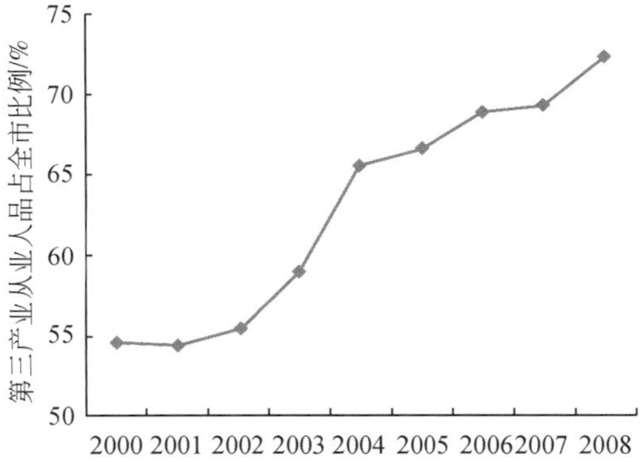

图 5-11　第三产业从业人员占全市比例

5.2.3.3 城市生活污水排放量增加，但污染物排放量下降

随着城市的发展，城市的人口逐渐增多，生活污水的排放量将逐年增加。城市生活污水的排放量、污水处理量、回用率等均受到城市的基础设施建设影响。北京市近年来快速发展和基础设施建设的不断完善，污水处理率和再生水回用率也不断增加。北京排水集团运营着北京中心城区 8 座污水处理和再生水厂，水处理能力为 267 万 m^3/d，这 8 座污水处理和再生水厂分别为高碑店污水处理厂（100 万 m^3/d）、小红门污水处理厂（60 万 m^3/d）、清河污水处理厂（55 万 m^3/d）、酒仙桥污水处理厂（20 万 m^3/d）、北小河污水处理厂（10 万 m^3/d）、卢沟桥污水处理厂（10 万 m^3/d）、吴家村污水处理厂（8 万 m^3/d）、方庄污水处理厂（4 万 m^3/d）。

同时北京市生活污水中的污染物排放量，如 COD 和氨氮排放量，却在不断下降（图 5-12）。2008 年北京市生活污水中 COD 和氨氮排放量均有所降低，分别为 2006 年的 95.7% 和 91.9%。

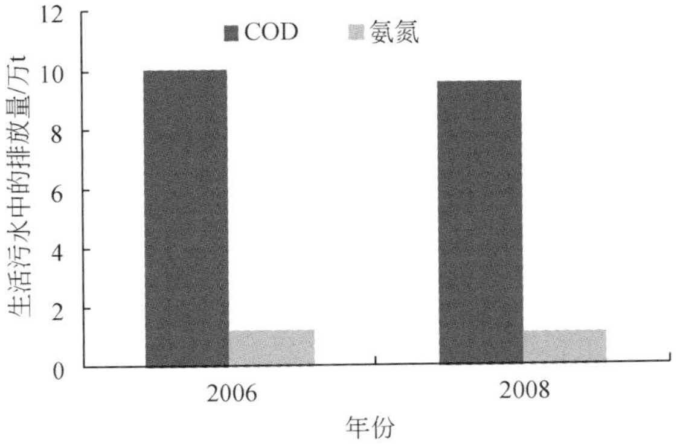

图 5-12 北京市生活污水污染物排放量

5.2.4 中心都市型城市水循环合理模式

北京市是一个国际化大都市，人口密度大、数量多，第三产业发达，公共生活用水在城市的供用水结构中占主要部分。在建立“宜居城市”的过程中，

根据北京市城市水循环特点，提出合理模式如下：

1）加强公众节水意识，推广节水设施使用。在公众中进一步宣传节水意识，加快推进节水型社会建设，加大生活节水力度，在各行业推广节水器具，以提高水资源利用效率。

2）加强基础设施建设，推广再生水利用。加强城市的基础设施建设，完善城市管网，进一步防止城市管网的跑冒滴漏现象；加强污水设施建设，进一步提高全市污水处理能力；促进中水管网投资建设，发展再生水利用，优化城市供水结构。

3）增加城市绿化面积，积极开展雨水收集利用和中水回用，降低城市内涝风险。

5.3 高效工业型城市——天津市

5.3.1 蓬勃发展的高效工业港口城市

天津市是中央建设的第二个直辖市，距北京 120km，是拱卫京畿的要地和门户。对内腹地辽阔，辐射华北、东北、西北 13 个省（市、区），对外面向东北亚，是中国北方最大的沿海开放城市。天津市海陆空交通便捷，铁路、公路四通八达。在全国工业城市中，天津市工业的规模、总产值、经济效益等均居前列，天津市已形成以汽车和机械装备为重点的机械工业，以微电子和通信设备为重点的电子工业，以石油化工、海洋化工和精细化工为重点的化学工业，以优质钢管、钢材和高档金属制品为重点的冶金工业等四大支柱产业；天津市的金融、商贸等第三产业日益发达。2009 年天津市 GDP 7500.8 亿元，三产比为 1.7 ∶ 54.8 ∶ 43.5，其中滨海新区成天津市经济龙头，GDP 占全市比例约 53.7%。

5.3.2 高效工业型城市水循环模式特点分析

天津地区城市水循环“供—用—耗—排—回”子过程及各要素通量见图

5-13，根据天津市城市经济发展特点以及水循环路径和通量，天津市水循环模式具有下述四个特征。

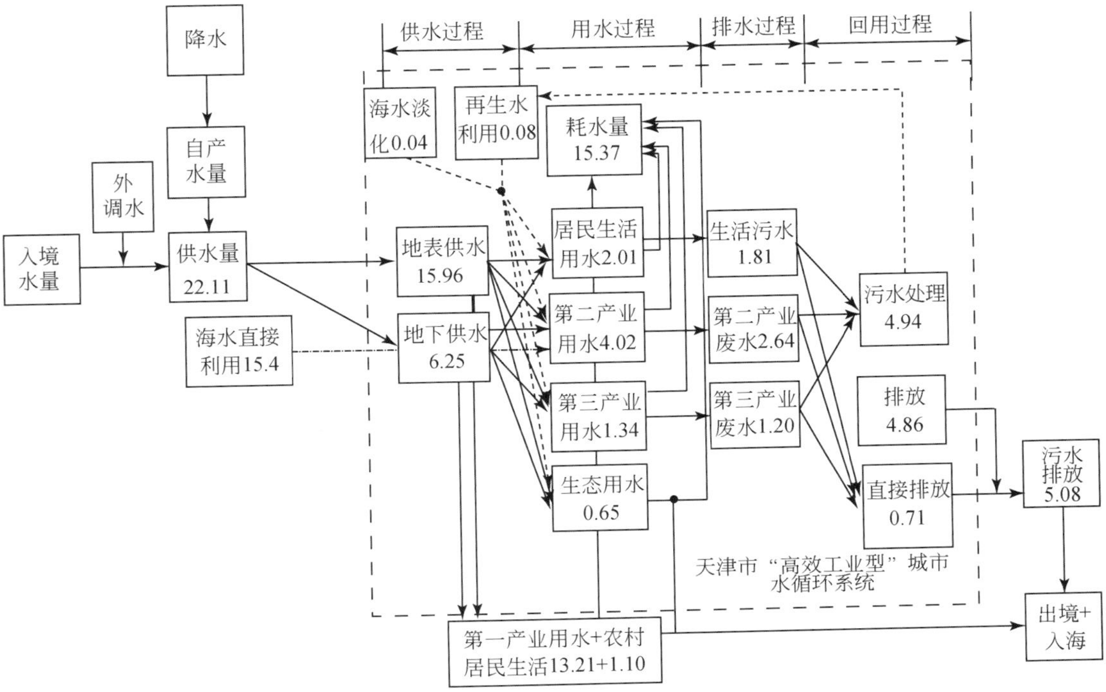

图 5-13　天津水循环过程及通量（单位：亿 m^3）

5.3.2.1　以地表水为主的多水源、多路径的供水结构

天津市全市供水量为22.33亿 m^3，地表水供水量为15.96亿 m^3，占整个供水量的比例为71.5%；其中城区供水水源以地表水为主，建成区地表供水量为4.97亿 m^3，占整个建成区总供水量（6.03亿 m^3）的82.4%。为了保障城市经济发展、缓解水资源供需矛盾，在水源利用上，天津市借助临海优势，发展海水利用等非传统水源，在取水方式上，充分利用外调水资源；2008年海水淡化0.02亿 m^3（占全国总海水淡化水量的20%），外调水6.14亿 m^3，尽管所占比例不高，但开创了天津市多水源、多路径的供水格局。

5.3.2.2 以生产用水为主的用水结构

将天津市 2004 ~ 2008 年的城市用水量①进行统计（图 5-14），近 5 年平均用水量 8.3 亿 m^3，其中第二产业平均用水量为 4.57 亿 m^3，占整个用水比例的 54.8%。其中，建成区用水构成中，生产用水同样占了很高的比例，其次是居民生活用水（图 5-15）。由图 5-14 可知，近年来天津市城市生产用水比例在逐步减少，生态和生活用水比例存在上升趋势。

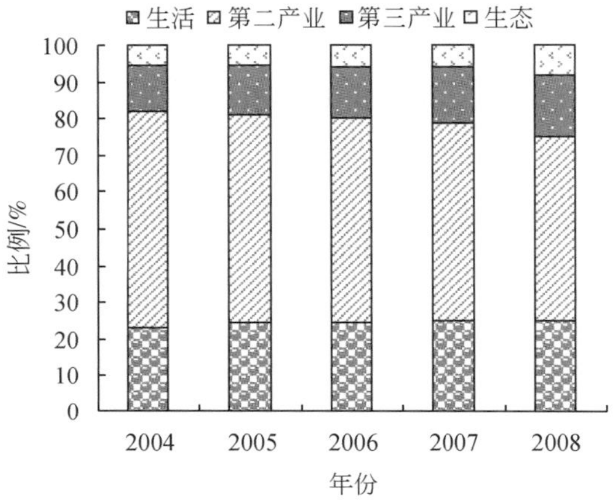

图 5-14 2004 ~ 2008 年天津市城市用水结构

5.3.2.3 高效的用水效率

天津市是全国用水效益最高的城市，近几年连续用水效益排全国首位，万元增加值用水量最低。2005 年以来，万元增加值用水量逐步下降，工业重复水利用率逐步增加，到 2008 年万元增加值用水量仅有 11m^3，是全国平均水平的 1/10，全市工业重复水利用率超过 90%，如图 5-16 所示。

5.3.2.4 不断减少的工业污废水排放、不断增加的污水处理能力

2008 年天津市污水排放量 5.08 亿 m^3，其中城镇居民生活污水占 32.1%，

① 是指城镇居民用水量、生态用水量之以及第二、三产业用水量之和。

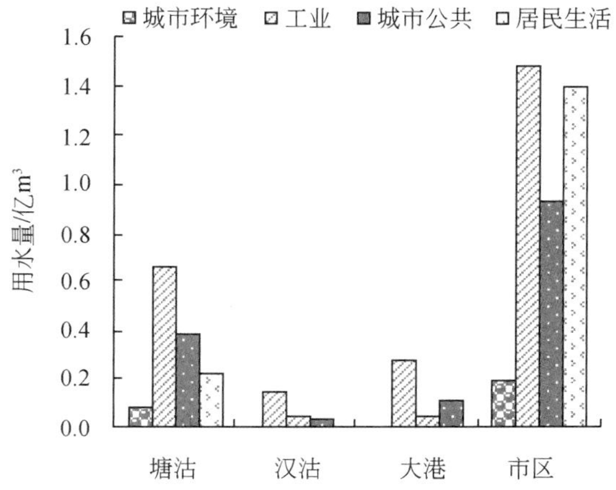

图 5-15 2008 年天津市建成区用水结构

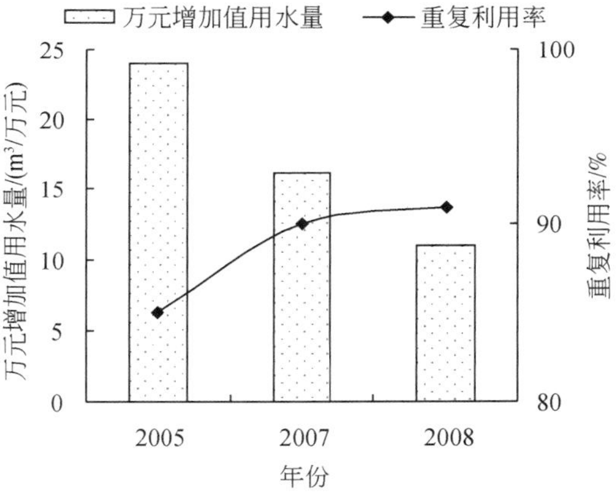

图 5-16 2005 ~ 2008 年天津市万元增加值用水量和工业重复用水利用率

第二产业污水占 46.6%，第三产业污水占 21.3%，传统工业产业污染是主要的污水排放来源。近年来天津市废水排放量呈下降趋势，2008 年废水排放量较 2004 年下降了 10%，如图 5-17 所示。近年来，天津市不断加大污水处理厂和污水管网建设，新建改造污水处理厂 33 座，2008 年天津市污水处理量为 4.93 亿 t，城镇污水集中率达到 80%，新增再生水日生产能力达到 17.8 万 t，到 2010 年年底，城镇污水集中处理率可达 85%，且处理后的水质全部达到国家一级排放标准。

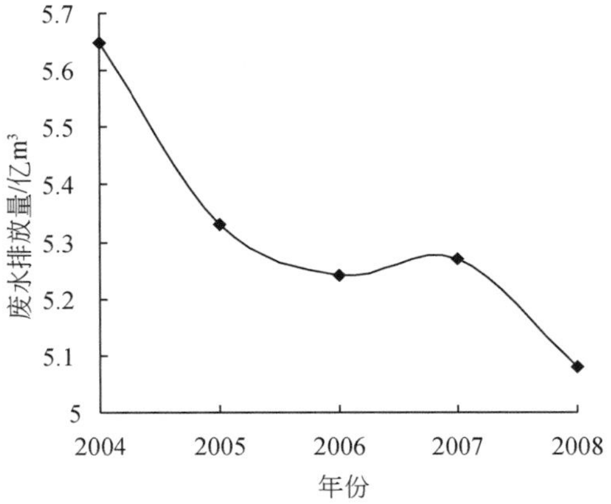

图 5-17　2004 ~ 2008 年天津市废水排放量

5.3.3　高效工业型城市水循环合理模式分析

天津市位于海河流域下游，河道水网发达，被称为北方的小水乡；改革开放以来，工业的快速发展使得水环境、水生态趋于恶化，近年来随着经济实力的增强，人居环境要求的提高，将天津市改造为生态城市的需求越来越高。根据天津市经济产业结构特点、发展规划，改善城市水循环各个子过程，提出水循环合理模式如下：

1）充分利用临海的地理优势，进一步加大海水利用量；在有条件的场馆、小区等实施雨水收集和利用工程，提高非传统水源的供水比例；

2）进一步发展高新技术产业，抓住滨海新区临海及三产优势，优化产业结构，继续推广节水器具，提高生活用水效率，更进一步降低用水效益，加大生态用水从而优化用水结构；

3）进一步加大工业点源污染的治理，以主要水污染物总量减排和城市河道水系治理为重点，改善水环境质量，努力实现城市河道功能性、生态性和景观性的统一；

4）进一步加大污水处理厂升级改造、新厂扩建及管网配套工程，增加再生水处理设施建设及管网配套工程，增加再生水供水能力。

5.4 传统工业型城市——邯郸市

5.4.1 钢铁煤炭为产业支柱的重工业城市

邯郸市位于河北省南端，地处114°03′E～114°40′E，36°20′N～36°44′N，西依太行山脉，东接华北平原，辖4区、1市、14县（图5-18），总面积1.2万km^2，其中市区面积419km^2，总人口942.8万人。属半湿润大陆性季风气候，四季分明，同期昼夜温差大，降水量主要受太平洋东南季风影响，因距海洋较远，故而偏少，全区年降水量平均值为480～700mm，汛期（6～9月）降水集中，占全年降水量的54.3%～91.4%。

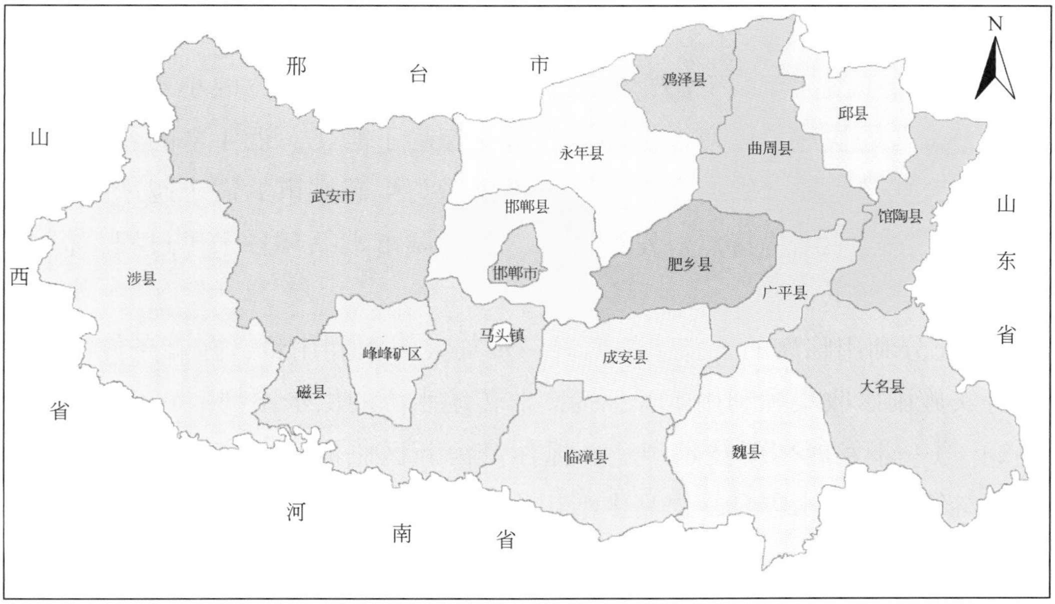

图5-18 邯郸市的行政区划

该市位居晋冀鲁豫四省要冲和中原经济区腹心，在四省交界区是唯一的特大城市，2009年GDP 2015.30亿元，位居河北省第三，人均GDP2.1万元，三产比分别为11.6∶55.1∶33.3，是典型的工业城市。工业门类较为齐全，为全国重要的冶金、电力、煤炭、建材、纺织、日用陶瓷生产基地；工业经济基础雄厚，境内已探明矿物资源多达 40 多种，其中煤炭和铁矿石储量分别达到 40 亿 t 和 4.8 亿 t，被誉为现代“钢城”“煤都”。

5.4.2 传统工业型城市水循环模式特点分析

邯郸市建成区水循环过程及 2008 年各水循环通量见图 5-19 所示，根据供水、用水、排水和回用水过程相关各要素通量，该市城市水循环模式特点可以总结如下五点。

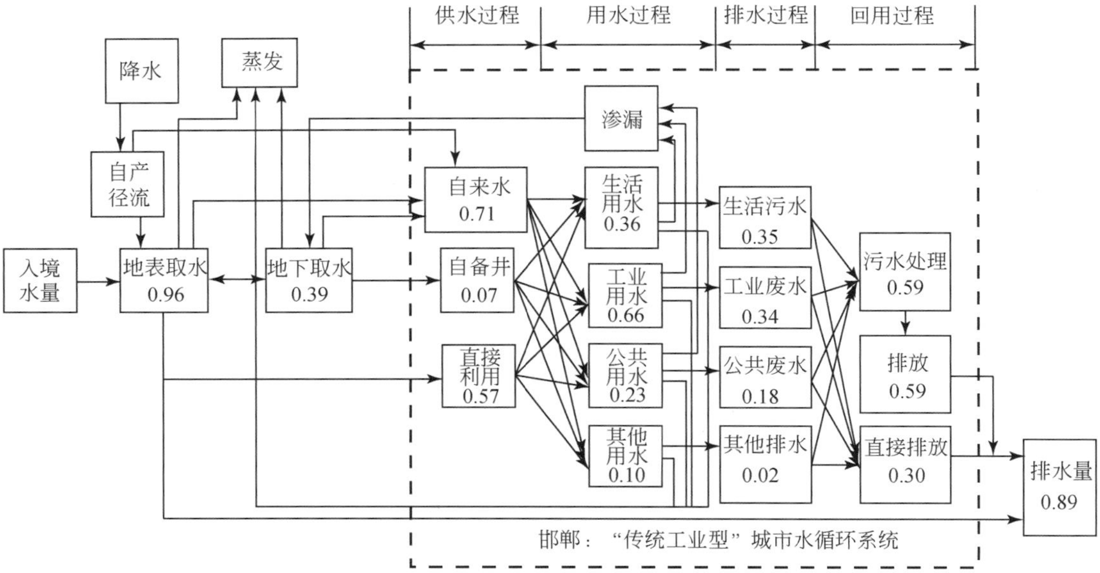

图 5-19 邯郸市市区水循环过程及通量（亿 m^3）

5.4.2.1 地表水水源为主，公共、非公共各半，非传统水源缺失的供水结构

由图 5-19 可知，2008 年来邯郸城区供水量为 1.35 亿 m^3，其中地表取水量为 9622 万 m^3、地下取水量为 3861.7 万 m^3，所占当年供水比例分别为 71.4% 和 28.6%，城区供水水源以地表水为主、地下水为辅。

由于钢铁、煤炭、电力等工业用水对水质要求较低，水量较大，加之公共供水设施建设的不足，邯郸市通过东武仕水库定期向滏阳河下泄水量来满足部分高耗水工业部门取用水，2008 年邯郸市公共自来水供水量为 7058.7 万 m^3，自备井与直接取用水量之和为 6425 万 m^3，占当年供水量的比例分别为 52.4% 和 47.6%，二者比例大致相当；就公共自来水供水而言，地表水供水量为 3899 万 m^3，所占比例为 55.2%，略高于地下水供水量。由上述各供水要素通量可知，邯郸市作为传统工业城市，供水水源基本为传统水源，非传统水源工程在邯郸市应用较少，供水水源结构相对单一。

5.4.2.2 工业用水为主的城市耗用水结构

工业是邯郸市的经济命脉，第二产业 GDP 占整个产业结构的比例超过 50%，因此工业用水成为邯郸市的用水主体。2004～2009 年邯郸地区城市平均用水量为 4.1 亿 m^3，其中工业平均用水为 2.99 亿 t，占总用水的比例达 72.85%，而生活用水、城市公共用水和环境用水占城市用水的平均比例则分别只有 18.36%、7.36% 和 1.42%（图 5-20）。可以看出，2004～2009 年工业用水比例呈缓慢下降趋势，生活用水和公共用水比例有所增加，环境用水不断减少。

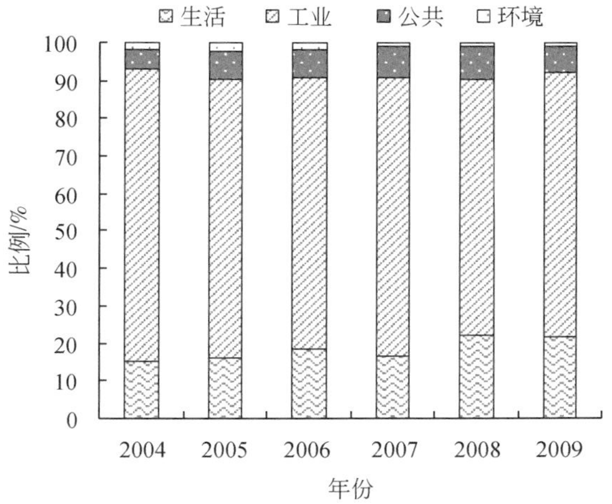

图 5-20 2004～2009 年邯郸市城市用水结构

5.4.2.3 以冶金、电力、煤炭用水为主的工业用水结构

结合邯郸市实际情况，依据国民经济行业分类标准，将 14 个行业（冶金、

电力、煤炭、化工、机械、建材、纺织、木材加工、石油、食品、造纸、医药、皮革以及其他轻工业）2007 ~ 2009 年的用水量进行统计（图 5-21），从中可以看出冶金、电力和煤炭用水量成为邯郸市工业用水量的主要组成部分，近 3 年的平均用水量分别为 0.88 亿 m^3、0.53 亿 m^3 和 0.17 亿 m^3，占整个邯郸市工业用水的比例分别为 36.2%、21.8% 和 7.2%，此三大产业近 3 年总用水量近 1.6 亿 m^3，占整个工业用水量的比例达 65.2%。

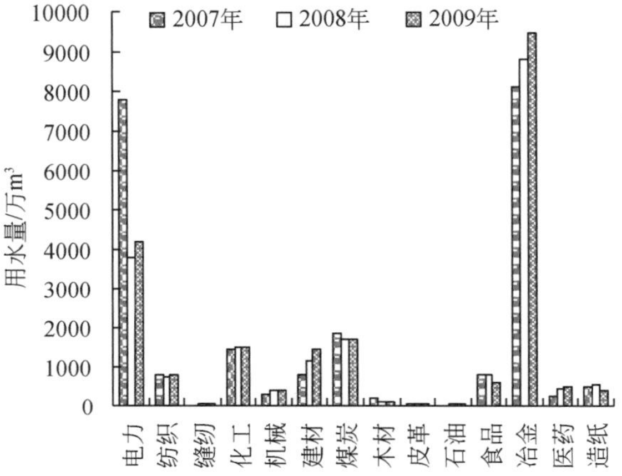

图 5-21　2007 ~ 2009 年邯郸市各行业用水量

分析上述原因，经济产业结构是形成邯郸工业用水构成的主要因素。钢铁、煤炭和火电是邯郸市的支柱产业，2009 年邯郸市粗钢产量为 3394.3 万 t，原煤产量为 2262.7 万 t，火电发电量为 249.3 亿 kW・h，分别达全国相应指标的 6%、7.6% 和 8.4%。特别是钢铁业，2003 ~ 2007 年，钢铁产业增加值占邯郸规模以上工业增加值的比例由 43% 上升到 58%；钢铁及相关产业增加值占全市规模以上工业增加值的 64.9%；传统工业城市这种以重工业为主的产业结构造成了以相应行业用水为主的工业用水结构。

5.4.2.4　较高的工业用水效率

尽管工业用水量占整个邯郸市用水量的主要部分，但近 5 年来（2005 ~ 2009 年）工业用水量却在工业产值持续上升的情况下反而呈现下降趋势，工业万元增加值用水量在逐年减少，如图5-22所示，可见工业用水的效率在逐年增加。2005～2009年工业万元增加值用水量平均为39.9m^3/万元，其中2009年工业万元增加值用水量为25.6 m^3/万元，低于全国工业万元产值用水量的36.1%，如图5-23所示。高耗水企业的关停、整顿以及工艺设备的改良使得重复用水增加，从而提高了工业用水效率。

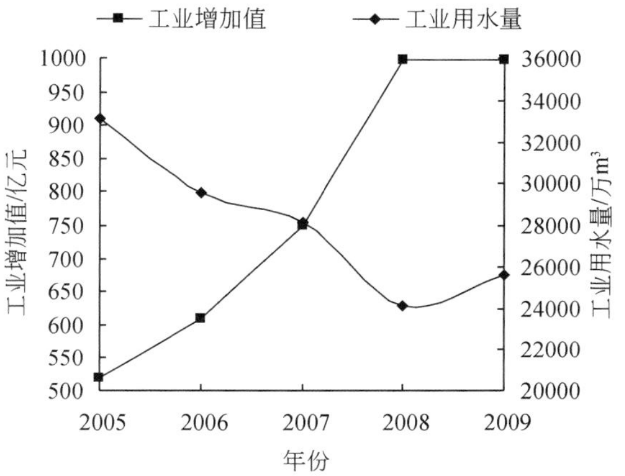

图5-22　2005～2009年邯郸市工业增加值和用水量

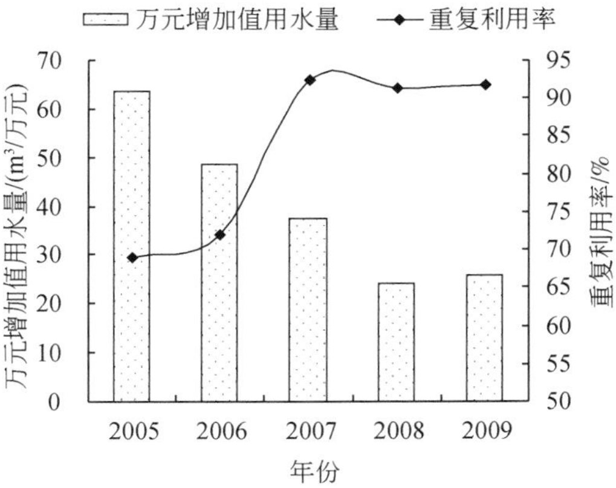

图5-23　2005～2009年邯郸市工业万元增加值用水量和重复用水利用率

5.4.2.5　生活污染为主的高污染排放构成

2009年，邯郸市市区COD总排放量为53 259.2t，其中生活COD排放量为42 335t，占79.5%；市区氨氮总排放量为4771.4t，其中生活氨氮排放量为

4069.84t，占 85.3%；城区废水排放量为 8421 万 t，如图 5-24 所示。随着工业用水量的逐渐减少、点源污染的控制和污水处理率的不断增加（图 5-25），邯郸市污水排放总量、工业氨氮排放量以及工业 COD 排放量均呈现下降趋势，生活氨氮排放量变化不大，而生活 COD 排放量则呈现增长趋势，生活污染已经成为邯郸市区的主要污染来源。

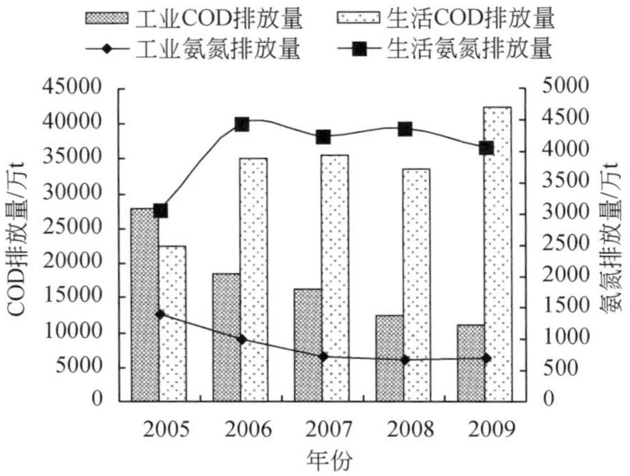

图 5-24　2005 ~ 2009 年邯郸市工业污水排放量

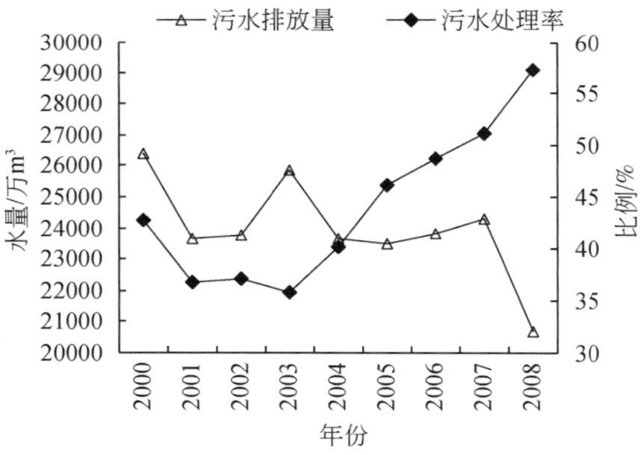

图 5-25　2000 ~ 2008 年邯郸市污水排放和处理情况

5.4.3　传统工业型城市水循环合理模式分析

邯郸市是典型的传统重工业城市，经济产业以钢铁独大，结构单一；城市处于起步阶段，供水和排水公共设施建设处于发展阶段；通过对邯郸市城市水循环模式的剖析，针对该城市传统工业型的经济产业结构特点以及当地水资源秉性，针对水循环的不合理过程，构建合理水循环模式如下：

1）进一步增加自来水、供水管网等公共供水设施建设，减少河道直接取水量，减少供水损失率，提高供水效率；挖掘非传统水源利用，增加外调水等其他方式供水，形成多水源、多途径的高效供水模式；

2）优化产业结构，进一步优化工艺设备，提高工业重复水利用率，进一步降低工业万元增加值用水量；形成高效用水的城市耗用水模式；

3）在进一步控制工业污染点源排放的基础上，大力加强生活污水的监控，从源头抓污染物排放量；

4）增加污水处理基础设施建设，进一步增强污水处理率，加速中水利用工程建设，增加再生水的利用率。

5.5 传统工业型城市——唐山市

5.5.1 产业结构转型的新型港口城市

唐山市位于河北省东部，地处117°31′E～119°19′E，38°55′N～40°28′N，东隔滦河与秦皇岛市相望，西与天津市毗邻，南临渤海，北依燕山隔长城与承德地区接壤，东西广约130km，南北袤约150km，总面积为13 472km^2，其中市区面积1090km^2，海岸线长196.5km；2009年总人口1024万人，市区人口310万人。全市现辖2市、5县、7区。其地理位置及行政分区见图5-26。

唐山市是震后崛起的新型工业港口城市，与北京市联合建设的京唐港，已与国内外120多个港口实现通航，跻身全国港口20强；而曹妃甸是环渤海地区唯一不需要疏浚航道和开挖港池即可建设大型深水码头的天然港址，曹妃甸与陆地间广阔的浅滩为临港工业的发展提供了得天独厚的条件。

作为全国重要的能源、原材料工业基地，工业已形成煤炭、钢铁、电力、建材、机械、化工、陶瓷、纺织、造纸等十大支柱产业，机电一体化、电子信

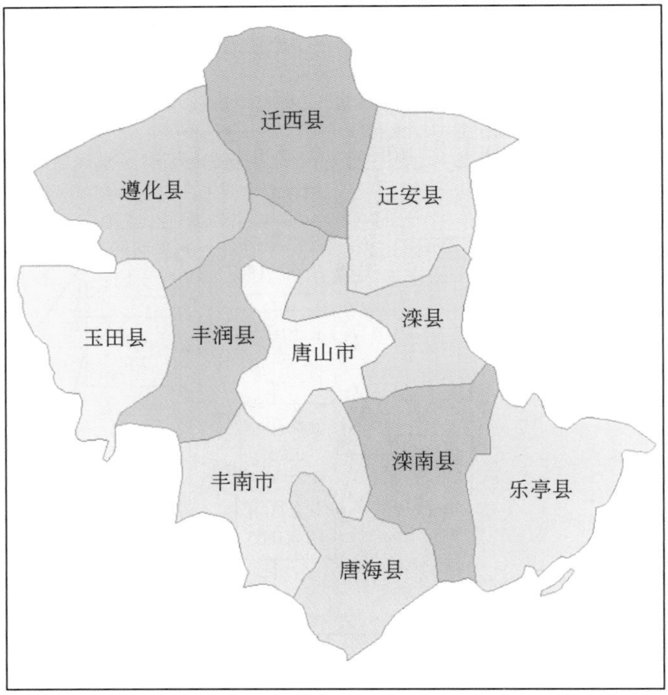

图 5-26　唐山市行政分区

息、生物工程、新材料四个高新技术产业群体正在扎实起步，对外开放初步形成了全方位、多层次、宽领域格局。2009 年国民生产总值达到 3800 亿元，三产比为 9.5 : 55.9 : 34.6。

5.5.2　转型工业城市水循环模式特点分析

唐山市地区水循环过程及 2007 年各水循环通量见图 5-27 所示，根据供水、用水、排水和回用水过程相关各要素通量，该市城市水循环模式特点可以总结如下五点。

5.5.2.1　地下水为主要水源的供水结构

2007 年唐山市全区供水总量为 28 亿 m^3，其中地下水供水总量为 20.5 亿 m^3，占整个供水总量的 74.5%；市辖区和矿区供水总量为 10.2 亿 m^3，其中地

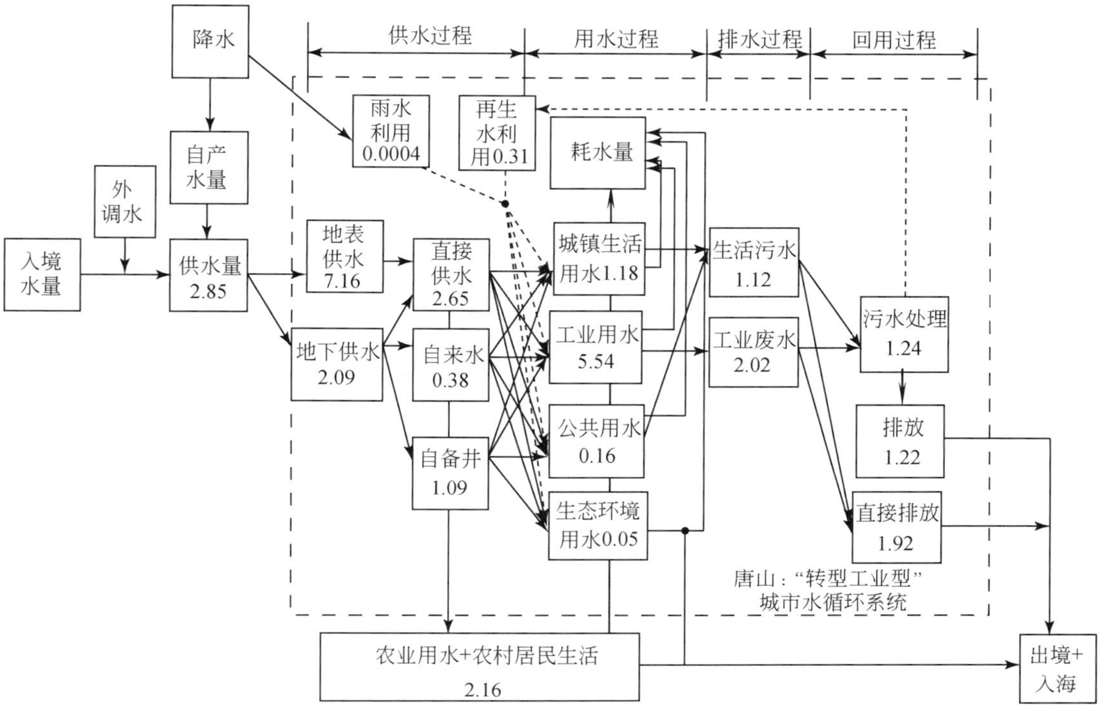

图 5-27　唐山城区水循环过程及其通量（亿 m^3）

下水供水量为 7.8 亿 m^3，所占比例为 76.65%；无论是全区供水还是城区供水，地下水都作为主要的供水水源。较其他传统工业城市而言，非传统水源在唐山市已经开始供给，但所占比例很小；2007 年，唐山市污水回用量为 0.21 亿 m^3，雨水利用为 4 万 m^3，如图 5-27 所示。

5.5.2.2　工业用水为主的城市用水结构

唐山市是新型工业港口城市，第二产业 GDP 占整个产业结构的比例为 60%，因此工业用水成为唐山市的用水主体。2007 年唐山市城市平均用水量为 6.2 亿 t，其中工业平均用水为 5.5 亿 t，占总用水的比例为 80.15%，而生活用水、城市公共环境用水占城市用水的比例分别为 17.57% 和 2.25%（图 5-28）。由图 5-28 可以看出，2000 ~2007 年唐山市各产业用水比例比较稳定，各产业用水比例变化不大。

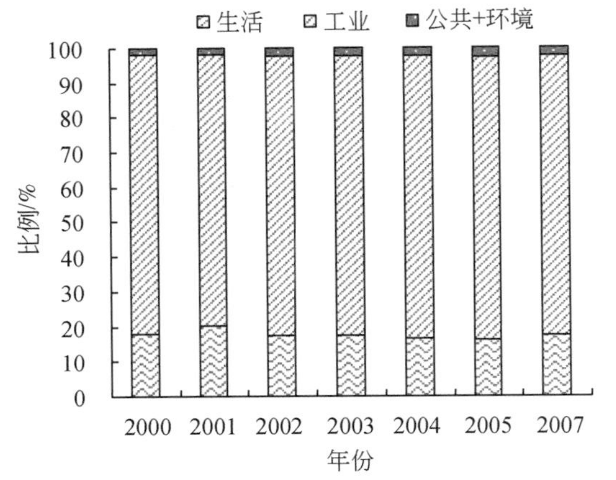

图 5-28　2000 ~ 2007 年唐山市城市用水结构

5.5.2.3　以冶金、化工、造纸用水为主的工业用水结构

2007 年各行业用水量如图 5-29 所示，从中可以看出冶金、化工和造纸用水量成为唐山市工业用水量的主要组成部分，2007 年用水量分别为 2.37 亿 m^3、0.55 亿 m^3 和 0.52 亿 m^3，占整个唐山市工业用水的比例分别为 47.79%、11.08% 和 10.39%，此三大产业 2007 年总用水量近 3.44 亿 m^3，所占整个工业用水量的比例达 69.3%。

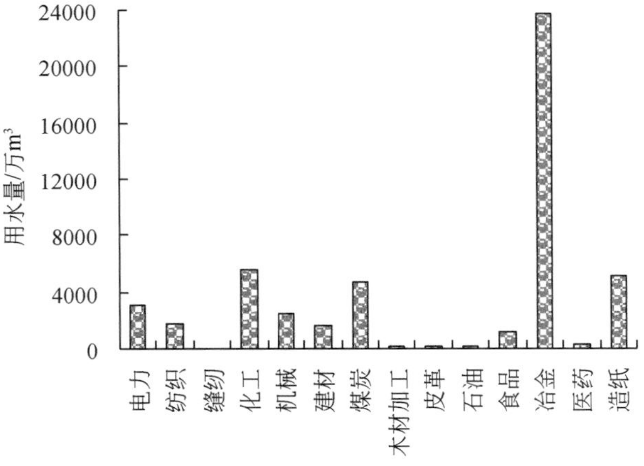

图 5-29　2007 年唐山市各行业用水量

5.5.2.4 逐年提升的工业用水效率

2000～2007 年唐山市 GDP 高速增长，造成工业用水量的上升，但 2005 年以后略有下降，万元工业增加值用水量呈现逐年下降的趋势，其中 2007 年万元工业增加值用水量为 37.7m^3，仅为 2000 年的 38%（图 5-30），可见经济产业结构调整和转型对能源耗用起到了关键作用。

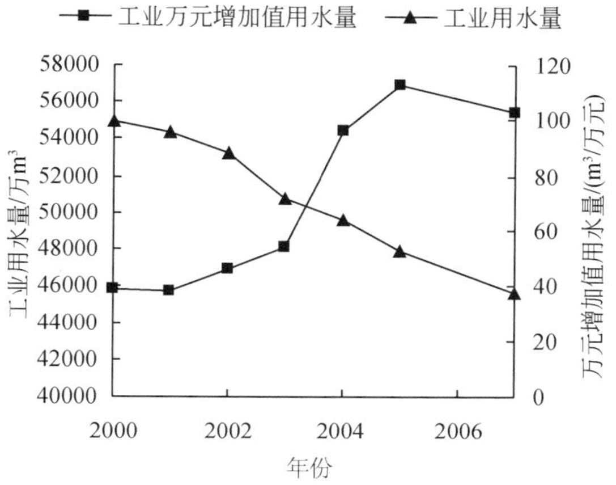

图 5-30　2000～2007 年唐山市工业用水量和万元增加值用水量

5.5.2.5 工业污染为主的高污染排放构成

工业污染是唐山市污染的主要来源。2007 年唐山市污水排放总量为 3.14 亿 m^3，其中工业污水排放量为 2.02 亿 m^3，占总污水排放量的比例为 64.3%；2007 年唐山市 COD 排放量为 36428.03t，其中工业 COD 排放量为 26398.8t，所占比例 72.47%；氨氮排放量 2592.15t，工业氨氮排放量为 1566.77t，所占比例为 60.44%。2000～2007 年唐山市污水排放过程呈 V 字形，2000～2004 年污水排放量呈下降趋势，2004 年以后开始增长；工业污水排放量具有同样的排放规律，但 2000～2003 年和 2004 年以后生活污水排放量呈上升趋势，其中 2003～2004 年生活污水排放量呈下降趋势。无论污水排放总量还是污染物排放量，都以工业污染为主（图 5-31）。

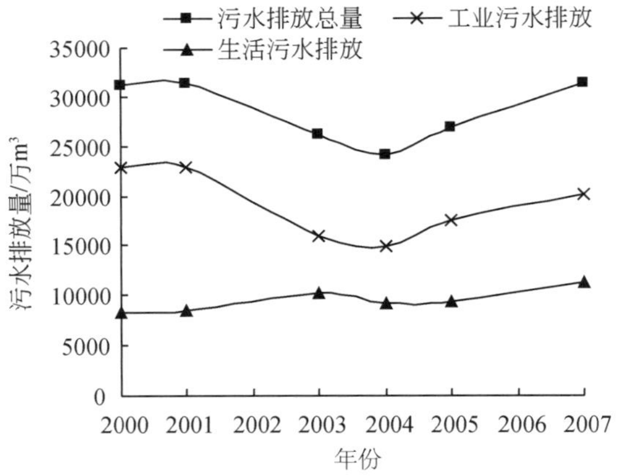

图 5-31　2000 ~ 2007 年唐山市污水排放总量、工业污水排放量和生活污水排放量

5.5.3　转型期工业城市水循环合理模式分析

2004 年以来，唐山市经济得到了蓬勃发展，工业用水效益尽管在逐年增加，但工业用水量和污染物排放量有所增加，根据唐山市城市水循环特点、当地水资源秉性以及发展规划，构建合理模式如下。

1）控制地下水取水量，增加污水回用量；充分利用临海的地理优势，逐步开展海水利用进而形成高效型多水源、多路径的供水结构；

2）以曹妃甸工业区经济发展为契机，继续调整产业结构，整改原有工业用水工艺，从而进一步提高用水效率，降低万元增加值用水量；

3）加大污水监测和治理，特别是工业污水治理，严格执行水功能区限制纳污政策，降低污水排放。

5.6　特色产业型城市——承德市

5.6.1　旅游产业蓬勃发展的休闲城市

承德市是河北省省辖市，位于河北省东北部，滦河与武烈河交汇处，西南距首都北京市180km，距省会石家庄市540km，承德市辖8县、3区，如图5-32所示。2008年辖区总面积39 548 km^2，市区面积525 km^2，建成区面积84km^2。人口368.38万人，市辖区52.36万人。2007年GDP为553.5亿元，人均GDP 1.63万元，三产比为11.6∶55.1∶33.3；属半干旱半湿润、大陆季风型山地气候，多年平均降水深533.1mm，降水总量为212.2亿 m^3。承德市作为旅游城市，全市文物古迹众多，人文自然景观独特，历史文化积淀深厚。2010年6月，《承德生态文明建设规划（2009～2020）》中，确立承德市为首都圈生态安全屏障、京津冀水源涵养胜地、区域生态经济新节点、生态休闲产业基地的城市功能定位。

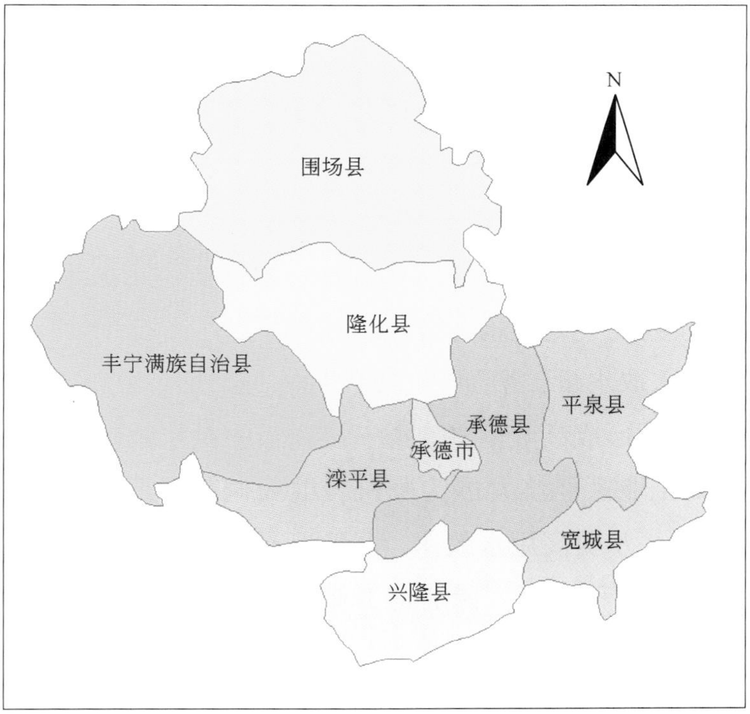

图5-32　承德市的行政区划

5.6.2　旅游型城市水循环模式特点

承德市作为生态旅游城市的典范，其水循环过程不仅满足城市的发展和人民日益增长的用水需求，还应满足城市生态旅游城市的服务功能。因此在《承德生态文明建设规划（2009～2020 年）》的基础上，加大对城市第三产业用水结构的调整，尤其是优先满足旅游业用水及其相应的生活用水。承德市水循环过程和 2004 年各水循环通量如图 5-33 所示。根据供水、用水、排水和回用水过程相关各要素通量，该市城市水循环模式特点可以总结如下三点。

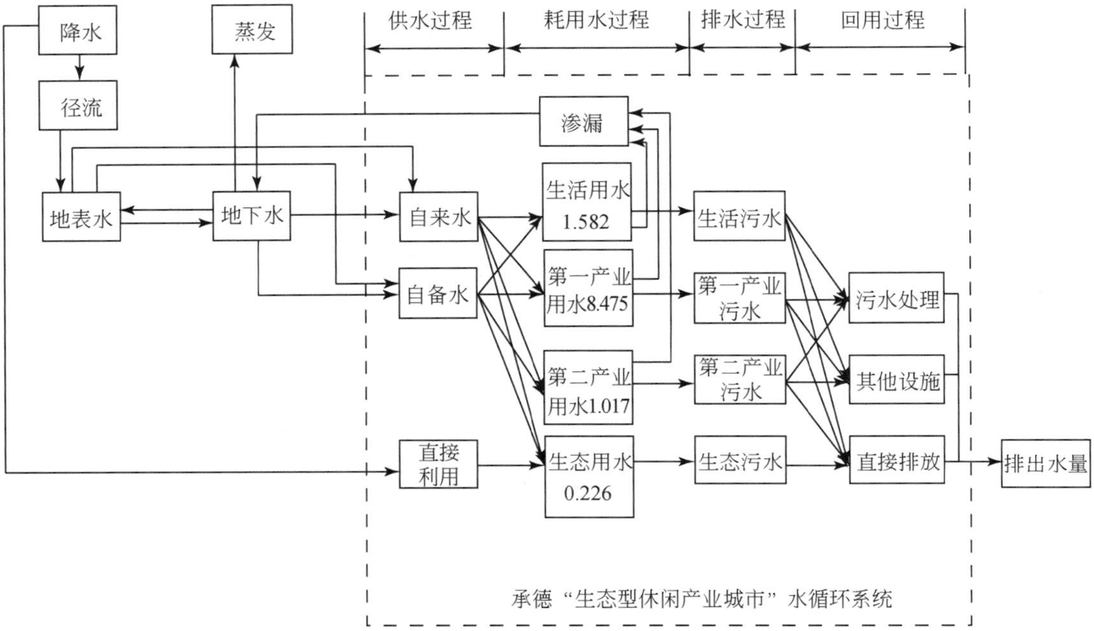

图 5-33　承德市水循环通量结构图（亿 m^3）

5.6.2.1　不断增长的用水总量及生活用水为主的用水结构

1995～2004 年承德市实际用水量变化过程见图 5-34。10 年来，承德市实际用水量持续增长，2004 年用水量达 11.31 亿 m^3，是 1995 年的 1.27 倍。图 5-35 为 2004 年承德市各产业用水量比较，其中生活用水比例最高，用水总量为 1.58 亿 m^3，占总用水量的比例为 56.2%，是生产用水的 1.56 倍，生态用水的 7 倍。

5.6.2.2　居民生活用水为主的生活用水结构

承德市市辖区 2003～2008 年供水总量及分类供水量如图 5-36 所示，市辖

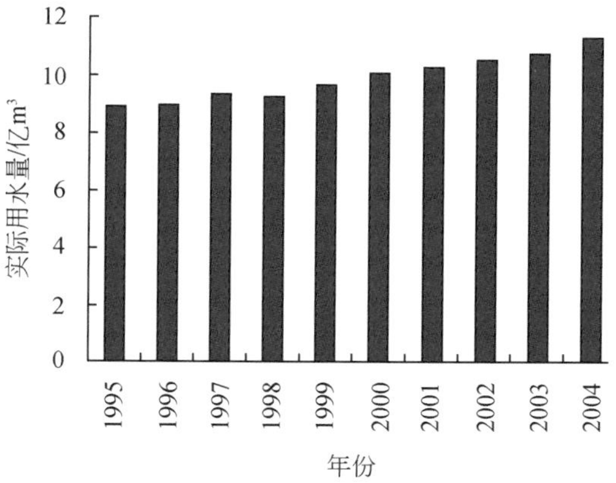

图 5-34　1995 ~ 2004 年承德市实际用水量

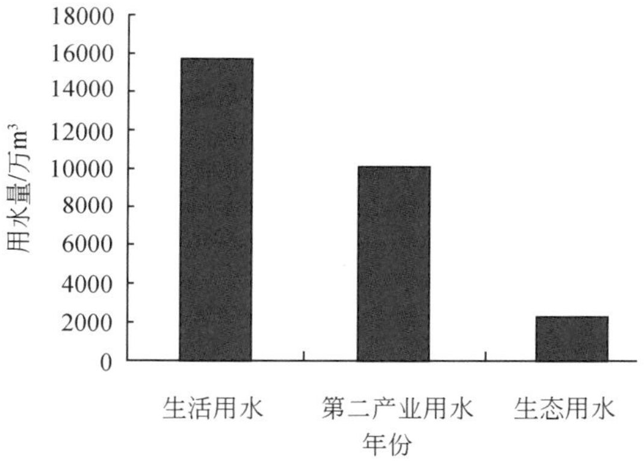

图 5-35　2004 年承德市各产业用水量比较

区的供水量变化呈倒 V 字形，供水总量在 2005 年达到最大，之后不断下降。供给居民生活用水（含旅店旅客用水）的比例在 2007 年比例最高，达到 64%；2005 年最低，为 53.8%；2003 ~ 2004 年以及 2006 ~ 2008 年均超过 60%；可见承德市市辖区中最主要的用水类型为居民生活用水。

5.6.2.3　旅游业成为生活用水主要驱动因子

承德是冀东北地区中心城市，是闻名中外的旅游胜地。旅游业是承德市辖区主要的经济产业，由图 5-37 可知 2002 ~ 2006 年的承德市旅游业的总收入，呈逐年增加趋势；旅游业的大发展也带动了餐饮、娱乐、交通、商业、文化等

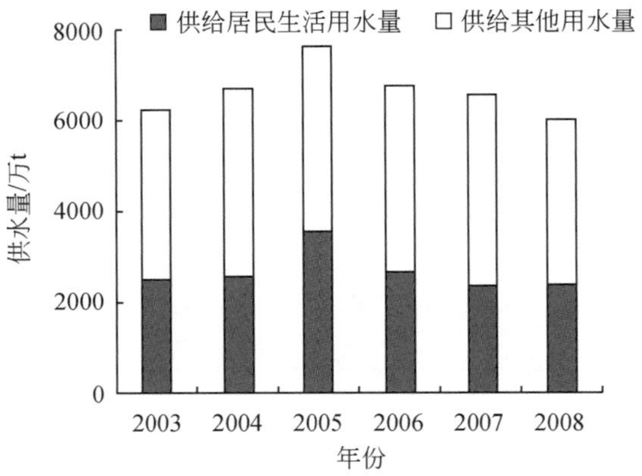

图 5-36　1995 ~ 2004 年承德市实际用水量

相关行业发展，旅游业的最主要用水类别即为旅游入境人员的生活用水，还包括旅游餐饮用水、娱乐用水等其他用水类别。旅游业接待游客总量的变化直接反映了旅游行业用水量的变化情况。由图 5-38 可知2003 ~ 2006 年的承德市旅游业接待游客总量，呈逐年增加趋势，而旅游业入境人员生活用水也将随之逐渐增加。

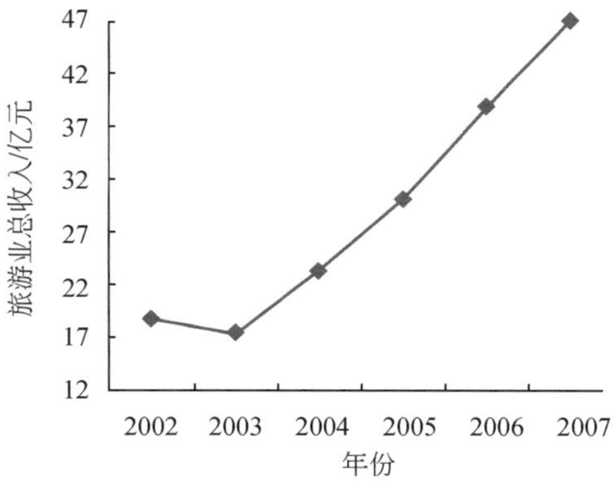

图 5-37　2002 ~ 2007 年承德市旅游业总收入

5.6.3　旅游型城市水循环的合理模式

承德市是一个旅游城市，旅游业是其支柱产业，虽然其经济水平、工业化

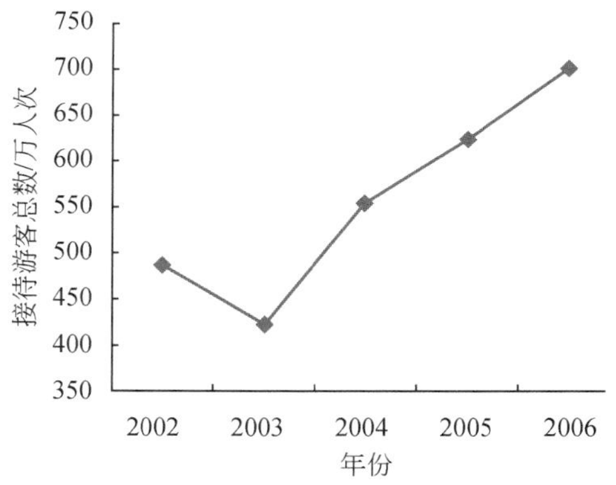

图 5-38　承德市旅游业接待游客总数

水平、用水效率等指标在海河流域35个城市中均不高，但特色旅游业的产业结构使其城市用水结构和整个城市的循环路径均有相应的特征，针对目前水循环各环节中不合理因素，推介承德市城市水循环模式的合理模式如下：

1）由于承德市旅游业用水的第一影响因子为人口因素，因此应加大公民和旅游入境人员的节水意识，推广普及节水设施；

2）通过加大产业结构调整，限制高耗水产业的发展；通过提高工业企业用水重复利用率和建设节能减排设施，优化产业结构、推动第三产业的发展；

3）发展一大批城市污水处理设施和再生水回用设施，提高城市污水处理水平，优化城市供水结构。

5.7 本章小结

选取城市水循环“供—用（耗）—排—回”四大过程的关键因素，结合表征城市规模和经济结构的关键指标，将海河流域20多个主要城市聚类为中心都市型、高效工业型、传统工业型和特色产业型四大类型。其中，选取最有代表性的北京市、天津市、邯郸市/唐山市、承德市为中心都市型、高效工业型、传统工业型和特色产业型相应的典型城市进行了城市水循环过程演变和特征的分析。结果显示，随着城市化发展和其水循环的演变，北京市逐渐发展成再生水利用日趋增加、水源趋于多样化的供水结构和以公共生活用水为主的用水结构；天津市形成以地表水为主的供水结构和工业用水效率极高、生产用水为主的用水结构；邯郸市形成以地表水为主的供水结构，工业用水效率逐年增长并且冶金、电力、煤炭等重工业用水为主的用水结构；唐山市形成了地下水为主要水源的供水结构，冶金、化工、造纸等行业用水为主的城市用水结构以及以工业污染为主的高污染排放结构；承德市形成了以旅游业为用水主要驱动因子、生活用水为主的用水结构。

基于城市水循环机理研究和四大模式的分析，统一建议流域内城市供水应增加再生水、雨水等非常规水源的利用，促进供水结构的多元化。针对上述不同城市的水循环结构典型特征，根据城市自身的发展定位和趋势，提出了北京市应增加节水意识和加大生活节水力度；天津市应利用临海优势，进一步增加海水利用量；邯郸市应进一步优化产业结构，提高工业用水效率，减少污染物排放；唐山市应控制地下水取水量，开展海水利用，提高高耗水行业用水效率，降低污水排放；承德市应普及节水设施，加大生活节水力度，提高生活用水效率等一系列城市水循环模式的合理化建议。

第6章 海河流域城市水循环典型环节案例分析

城市水循环的各个环节的机理、模式及其演变分别在前面各章节进行了深入刻画分析。但是城市水循环区别于其他典型单元的水循环，除了在通量和结构上有所差异外，最主要是个别典型环节的特殊性。针对供水环节，由于城市绿地的生态环境效益巨大，为统筹城市生态与国民经济发展，保证绿地健康，需要合理的绿地供水管理，因此城市绿地生态系统合理性分析是对极端缺水的海河流域城市的生态环境建设进行诊断评价。针对排水环节而言，由于城市雨岛效应，会“诱导”暴雨最大强度的落点位于市区及其下风方向，将会带来暴雨、内涝等极端自然灾害，对城市安全带来威胁，因此城市雨水的收集和利用将不仅防灾减灾，疏通排水途径，对海河流域极端缺水的城市而言，更重要的意义在于为城市提供一个新的供水途径。

6.1 城市绿地生态系统合理供水辨识分析——以北京市为例

城市绿地因具有美化环境、降低空气污染、控制城市热岛等作用而日益得到重视。合理的城市生态供水不仅有益于植被的正常生长，对城市水资源合理配置同样具有积极意义。北京市是海河流域城市生态建设最好的城市，仅“十一五”期间，城市绿化覆盖率就由42%提高到45%，人均绿地面积达到49.5m^2。绿地的增加为绿地供水管理加大了难度，不仅需要考虑绿地不同季节的供水变化，还要考虑不同植被的需水，并统筹好绿地供水与国民经济供水的关系，确保水资源合理配置。

6.1.1 城市概况

北京市市中心位于39°N，116°E，属温带半干旱半湿润性季风气候，夏季炎热多雨，冬季寒冷干燥，春、秋短促。年平均气温 10 ~ 12℃，1 月气温为 −7 ~ −4℃，7 月为 25 ~ 26℃。1951 ~ 2000 年系列平均降水量 603mm，季节分配很不均匀，全年降水的 75% 集中在夏季，7 月、8 月常有暴雨。

本次研究仅分析北京市市区生态绿地供水量的合理性，包括公园绿地、防护绿地、生产绿地及附属绿地等生态绿地，总面积 61 695.42hm^2，根据北京市气候特点，11 月至翌年 2 月无绿地灌溉过程，供水合理性分析仅考虑 3 ~ 10 月的逐月供水过程。

6.1.2 绿地生态系统用水过程特点

绿地生态系统用水方式主要是植被的蒸腾和生长、土壤蒸发等，供水来源包括降水的有效利用和人工补充灌溉。在生态系统用水过程中，呈现出时间分布、空间分布和主观目的等特性。在补充灌溉时，应充分考虑这些特征，一方面保障生态系统的健康发展，另一方面有利于水资源的合理高效利用。

1）时间分布特性。一方面，由于植物的生长节律决定了植被的需水量，且不同季节的温度强烈影响土壤的蒸发量，使生态系统用水呈季节性变化，另一方面，生态用水受来水影响，城市水资源量在不同年际、不同季节上分布差异显著，在统筹生态用水和国民经济用水过程中，造成生态用水量和用水比例逐年不同。时间分布特征也表现出生态用水的动态性（李若璞等，2006）。

2）空间分布特性。植被在空间上的分布直接决定了生态系统用水量的空间分布，对于不同城市，受植被覆盖率、植被种类、土壤种类和质地、城市发展程度、可用水量、用水统筹等影响，生态用水量截然不同，亦呈现出空间分布特性。

3）主观目的特性。城市生态用水的主观目的特性主要体现在恢复或建设目标上，植被种植用途、植被种植种类、绿地灌溉时间与灌溉水量等因素，都影响着用水范围分布与用水量大小。

6.1.3 城市绿地生态系统合理供水评价模型

城市生态系统可持续供水，即既能保证国民经济用水，又能保证一定目的下的城市生态系统用水，有利于建立可持续发展的和谐城市。

对城市绿地生态系统可持续供水的评价应从供水量和生态需水量两方面进行比较来评价。人工灌溉是在降水有效利用的基础上对城市生态需水的满足，供水量不一定合理，尤其在水资源相对匮乏的地区，大部分生态系统用水被国民经济用水挤占；而生态需水是从生态系统本身的角度来研究生态系统与广义水资源间的关系，与相应的生态保护、建设目标直接相关，恢复或建设目标不同，生态需水量就不同，生态需水是相对合理的水量（杨爱民等，2004）。

合理的绿地生态系统供水存在一个上下限，当供水低于下限时，将不能维持生态系统的正常活动，导致生态恶化或消亡，这一下限为生态系统最小供水量；当供水高于上限时，过多的水不能被生态系统利用，且可能会因水分过多破坏生态系统的健康，这一上限为生态系统最大供水量；只有当供水处于上下限之间时，生态系统才能正常存活发展。对城市生态系统合理供水的评价就是对人工灌溉在不同时间段供水量的合理性评价。从生态系统角度看，就是判断特定时间内人工灌溉量满足生态系统的需水程度。

6.1.3.1 模型计算公式

城市绿地用水主要包括植物蒸腾作用、棵间蒸发、制造有机物质、维持植被生存的土壤含水等；用水来源有降水利用和人工灌溉两部分，根据水量供需平衡，供水量为植被总需水量与降水有效利用量之差，其公式为

$$W'_G(t) = \sum_{i=1}^{n} \left[W_{E_i}(t) + W_{S_i}(t) + W_{P_i}(t) - P_{G_i}(t) \right] \tag{6-1}$$

式中，$W'_G(t)$ 为时段内的供水量；$W_{E_i}(t)$、$W_{P_i}(t)$、$W_{S_i}(t)$ 分别为绿地蒸散发需水量、植物生长需水量、保持植被生存的土壤含水需水量（m^3）；P_{G_i} 为植被有效降水利用量（m^3）；i 为不同植被种类；t 为不同时间，下同。

1）绿地需水项计算。公式中各需水项计算公式如下（严智勇和尹民，2007；Allen et al.，2000；张和喜等，2007）。

$$W_{E_i}(t)=A_{G_i}\times E_{P_i}(t) \tag{6-2}$$

$$E_{P_i}(t)=K_{c_i}(t)\times \mathrm{ET}_{0i}(t)\times K_{s_i}(t) \tag{6-3}$$

$$W_{P_i}(t)=\frac{W_{E_i}(t)}{99} \tag{6-4}$$

$$W_{S_i}(t)=A_{G_i}\times h_i(t)\times \rho_i\times \varepsilon_i(t) \tag{6-5}$$

式中，A_{G_i}为城市绿地面积（hm^2）；E_{P_i}为绿地蒸散量（mm/t）；W_{P_i}根据植被自身的含水量和植被蒸散量的比例大约为 1 ∶ 99 来计算；K_{c_i}为作物系数，用来衡量作物本身的蒸腾特性，它与作物的种类、生长阶段等因素有关；K_{s_i}为作物地下水胁迫系数，与土壤含水量有关；ET_{0_i}为参考作物需水量（mm）；h_i 为土壤深度（m）；ρ_i 为土壤容重（g/cm^3）；$\varepsilon_i(t)$ 为土壤含水量系数。

ET_0采用 Penman 综合法计算：

$$\mathrm{ET}_0=\frac{\frac{P_0}{P}\times\frac{\Delta}{\gamma}R_n+E_a}{\frac{P_0}{P}\times\frac{\Delta}{\gamma}+1} \tag{6-6}$$

式中，P_0 为标准大气压（hPa）；P 为计算地点平均大气压（hPa），实测或根据高程查表；Δ 为饱和水汽压与温度变化曲线上当温度 T 在某一定值时的效率（hPa/℃）；γ 为温度计常数（0.66 hPa/℃）；R_n 为太阳净辐射，以所能蒸发的水层深度计（mm /d）；E_a 为干燥力或称安全检查气动力学项（mm/d）。

作物地下水胁迫系数 K_s 在土壤水分充足时，绿地蒸散量的计算一般不考虑此项，当水分不充足时，绿地蒸散量才表现为地下水胁迫。具体胁迫系数表达如下（李远华，1999）。

$$K_s=\begin{cases}1 & \text{当}\ \theta\geqslant\theta_{c1}\ \text{时}\\ \ln(1+\theta)/\ln101 & \text{当}\ \theta_{c2}\leqslant\theta<\theta_{c1}\ \text{时}\\ \alpha\cdot\exp[\theta-\theta_{c2}]/\theta_{c2} & \text{当}\ \theta<\theta_{c2}\ \text{时}\end{cases} \tag{6-7}$$

式中，θ 为土壤实际含水量占田间持水量的百分数（%）；θ_{c1} 为土壤水分绝对充分的临界土壤含水量（%）；θ_{c2} 为土壤水分胁迫临界土壤含水量（%）；α 为经验系数。

2）绿地有效降水利用计算。确定降水有效性要涉及很多途径和过程，其主要影响因子包括降水特性、土壤特性、作物蒸发蒸腾速率和灌溉管理等因子。城市绿地生态系统的有效降水量是被植物截留、蒸腾和生长，以及土壤蒸发所利用的降水量。本书计算有效降水利用量的公式如下。

$$P_{G_i}(t)=\mu_i(t)\times P(t)\times A_{G_i}\times 10^{-5} \tag{6-8}$$

式中，μ 为作物降水利用系数，无量纲；P 为降水量（mm）；A_G 为植被覆盖面积（km^2）。

6.1.3.2 合理供水评价分析

根据式（6-2）~式（6-7）可以看出，绿地蒸散需水量和土壤需水量都受土壤含水量的影响。因此，以土壤含水量为控制变量，根据田间持水量、临界土壤含水量、凋萎系数三个土壤含水量值划分不同等级的绿地需水量，对应的三个供水量分别为最大供水量 W_{max}、临界供水量 W_{suit} 和最小供水量 W_{min}，从而将供水量分为 A、B、C、D 四个等级，具体表达如下。

$$W'_G=\begin{cases}A & W'_G\in(W_{max},\ \infty)\\ B & W'_G\in(W_{suit},\ W_{max}]\\ C & W'_G\in(W_{min},\ W_{suit}]\\ D & W'_G\in(0,\ W_{min}]\end{cases} \tag{6-9}$$

式中，处于 A 等级的供水量大于 W_{max}，此时土壤含水量大于田间持水量，土壤水不能被植物吸收利用，表现为供水量过多；处于 B 等级的供水量介于 W_{max} 和 W_{suit} 之间，土壤含水量处于临界土壤含水量与田间持水量之间，绿地蒸散发作用基本不受土壤水胁迫，可以正常代谢，表现为供水最适宜；处于 C 等级供水量介于 W_{suit} 与 W_{min} 之间，土壤含水量在临界土壤含水量与凋萎系数之间，植被正常代谢受到抑制，但仍然可以从土壤中吸收水分，不致凋萎，表现为供水量一般；处于 D 等级的供水量小于 W_{min}，土壤含水量达不到凋萎系数，植被无法利用土壤水完成代谢，表现为供水量过少。

在统筹国民经济用水与生态用水过程中，可以参考不同时期的绿地补给量等级，为生态环境进行合理的人工灌溉供水。

6.1.3.3 参数选择

绿地生态系统供水合理性分析依据绿地蒸散发需水、植被生长需水、土壤需水和降水有效利用系数等项，计算参数有气象参数、植被参数和土壤参数。气象参数参考1991～2000年北京市密云气象站的逐日气象资料和2009年北京市水资源公报，以及2009年海河流域水资源公报，包括气压、日平均气温、日最高温、日最低温、降水、湿度、风速和日照时间等实测数据；植被参数仅考虑常绿乔木、落叶乔木、灌木和草坪等四类，作物系数 K_c 值参考陈丽华和王礼先（2001）、赵炳祥等（2003），植被面积采用北京市园林绿化2009年统计资料；土壤参数参考王启山等（2007）、崔晓阳和方怀龙（2001）等，华北平原土壤的平均田间持水量为0.31，凋萎系数为0.12，根据杨志峰等（2005），临界土壤含水量大约为田间持水量的70%～80%，取田间持水量的70%作为临界土壤含水量，土壤容重为1.55g/m^3，乔木、灌木和草本植物的有效土层厚度分别为1.2m、0.6 m和0.3 m。

6.1.4 北京市绿地生态系统合理性分析

通过计算分析，2009年北京市绿地临界供水量为3.18亿m^3，最小供水量为2.23亿m^3，实际供水量为2.96亿m^3，属于C等级，绿地蒸散发受到一定抑制，但不影响植物生长。北京市2009年3～10月绿地生态系统供水合理性分析曲线与实际供水曲线如图6-1所示。

从图6-1中可以看出：

1）绿地需水的年内时间分布特性显著，是植被生长节律和降水、气温、日照时间、风速等气象因素共同作用的结果。

2）土壤含水量对绿地需水具有显著影响，三个供水量 W_{max}、W_{suit} 和 W_{min} 差值明显，各月 W_{max} 和 W_{min} 均相差0.2亿m^{3}以上。

3）北京市绿地生态系统供水应集中在4～6月和9月四个月，而8月供水量应该最小。这是因为，一方面，蒸发量和降水量从3～10月，均呈先增后减

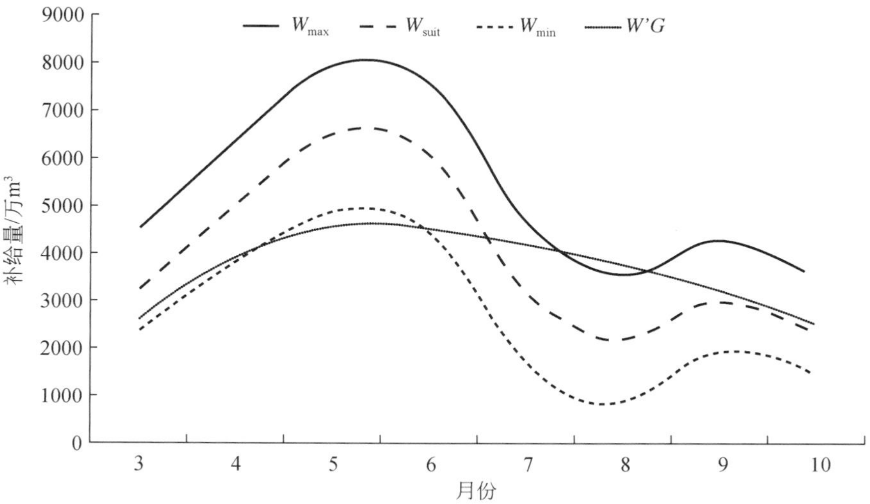

图6-1　绿地生态系统供水合理性分析曲线

趋势，但蒸发量在6月达到最大值，降水量在7月达到最大值，蒸发与降水的差值过高，得不到降水补充水，另一方面，植被在5月、6月的生长茂盛，需水量大，使5月、6月的供水需求最大，但9月，蒸发与降水的差值较低，且植被逐渐凋落，需水量小，9月的供水量应小于5月、6月；在7月、8两月，降水量远高于其他月份，植被对降水的充分利用，灌溉需求较小，尤其是8月，降水量已大于蒸发量，导致灌溉需求达到最低值。

4）北京市绿地生态系统实际供水存在一定的不合理性，这主要体现在，3~6月供水过少，尤其是5月，已经低于最低供水量，土壤含水量低于凋萎系数，植被蒸腾受到胁迫，不利于植被的正常生存生长；而8月供水过高，土壤含水量高于田间持水量，植被无法利用，水资源没有得到高效合理利用。

6.2　城市内涝风险评价及雨水收集利用——以天津市为例

天津市是海河流域用水效率最高的城市之一，其对雨水收集利用方面也有其独特的方式和亮点，为海河流域其他城市的雨洪资源利用提供了可参考的经验。

6.2.1 城市概况

天津市位于华北平原东北部，海河流域下游，北依燕山，东临渤海，地理坐标为 38°33′57″N ~ 40°14′57″N，116°42′05″E ~ 118°03′31″E；全市总面积 11 919.7km^2，市区面积 4334.72 km^2，建成面积 280 km^2，总人口 1176 万人；区域周长约 1290.8km，海岸线长 153km；天津市行政区下辖和平、河东、河西、南开、河北、红桥 6 个中心区，塘沽、汉沽、大港 3 个滨海新区，宝坻、武清、北辰、东丽、西青、津南 6 个市外围区，以及蓟县、宁河和静海 3 个远郊县，其中平原占 93.9%，山区和丘陵占 6.1%，其行政分区见图 6-2。

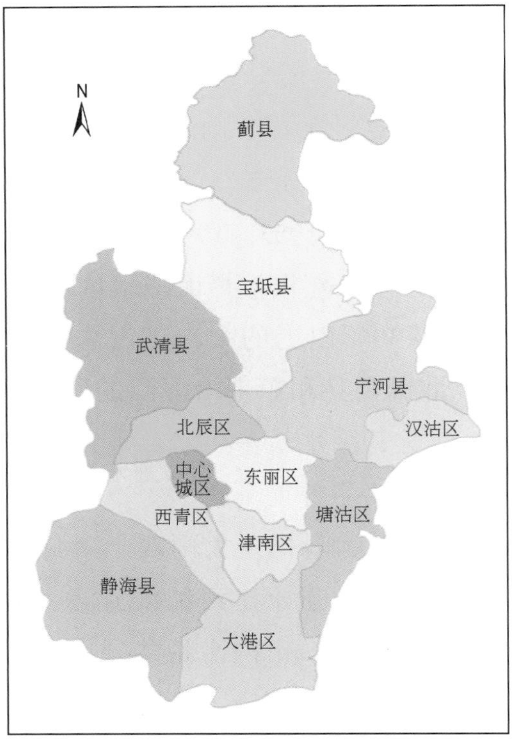

图 6-2　天津市行政区示意图

6.2.2 暴雨和内涝演变

天津市地区大部地势低平，雨水不易宣泄，暴雨后在低洼地区易形成积水，造成雨涝。天津市内涝灾害多发生在暴雨多的年份。日雨量达到50mm以上或12h雨量在30mm以上，或者1h雨量达到16mm以上称为暴雨；日雨量100.0～249.9mm或12h雨量为70.0～139.9mm时，称为大暴雨；日雨量达到250.0mm或12h雨量达到140.0mm时就是特大暴雨。1921～2000年，日雨量50mm以上的暴雨共出现146次，年平均暴雨日数为1.9天。暴雨最多的1921年、1929年、1995年各5次。有16年无暴雨。有记录的暴雨发生日期最早的是1998年，出现在4月22日；最晚的是1940年的11月5日。各地暴雨日数有所不同，东部沿海和北部山区是天津市暴雨较多的地区。

天津市夏季暴雨最多，尤其集中在7月上旬到8月下旬。形成暴雨的主要天气形势是：西北太平洋副热带高压逐渐北移，当其脊线位于黄海、日本海一带时，亚洲大陆中纬度有低气压槽东移，海、滦河流域处于槽前及副热带高压西北侧的西南气流控制之下，利于低空切变线、低涡及地面气旋的生成和发展，促使东南暖湿气流向北输送，形成暴雨。

20世纪的最后20年天津地区雨涝年少于干旱年。从1951～2000年天津全市范围出现涝灾最长连续4年，即1953～1956年。天津市全境年降水量最多的年份为1977年，达900mm以上。年极端最大降水量出现在蓟县，为1213.3mm（1978年）。全市降水量偏多30%以上的大涝年占总年数的13.5%；涝和大涝的发生率为19%～41%，北部蓟县和东部沿海涝的发生率最大。降水集中于夏季，尤其是7月下旬至8月上旬降水最多。

天津市比较有代表性的内涝事件如下：

1）1801年，海河流域发生大暴雨。大雨四十余日不止，尤以7月中旬最为集中、强度最大。暴雨的中心位于永定河和大清河一带，雨区的范围几乎覆盖了整个海河流域。在外部洪水和城市内涝的共同作用下，天津市发生严重涝灾。此次内涝据记载“天津水淹城砖二十六级”，为天津1404年建市以来的最高水位。

2）1939年受暴雨影响，天津市发生严重涝灾。当时市区被淹泡一个半月，受灾人口80多万，灾民65万户，倒房1.4万间。按当时货币计算，损失6亿多元。此次涝灾主要是外部洪水起作用，内涝也有一定的影响。

3）1984年8月9～10日受7号台风影响，天津市区过程雨量189.7mm，有 30 余处积水，13 个工业局或公司所属的 418 家企业停产。直接经济损失 2300 余万元。东丽区发电厂因泵房进水导致 3 个发电机组停转 12h，直接经济损失 23 万元。烟草公司烟叶供应站仓库被淹，河东区中山门新村民宅进水深达 1m。市区无轨电车停运 7h，公交汽车近 1/3 线路停运 4～5h。

4）1986 年 6 月 27 日，天津市区 12h 降水量 143.0mm，1h 最大降水达 43.0mm，造成内涝，市区 44 处积水，250 家厂房和 32500 户民宅进水，市内交通一度停运，生产和生活受到影响。

6.2.3 内涝的形成因素演变

6.2.3.1 暴雨量

根据天津市气象站的 1961～2005 年降水量测量数据，统计出每年的暴雨日数（日降水量大于 50mm）。统计结果如表 6-1 所示。

表 6-1 天津站暴雨日数统计（1961～2005 年）

年份	暴雨日数	年份	暴雨日数	年份	暴雨日数	年份	暴雨日数	年份	暴雨日数
1961	2	1970	4	1980	0	1990	3	2000	3
1962	2	1971	2	1981	4	1991	1	2001	2
1963	1	1972	3	1982	1	1992	2	2002	0
1964	4	1973	2	1983	2	1993	0	2003	3
1965	1	1974	2	1984	4	1994	4	2004	1
1966	4	1975	4	1985	4	1995	5	2005	2
1967	2	1976	1	1986	1	1996	1		
1968	2	1977	4	1987	3	1997	0		
1969	5	1978	4	1988	2	1998	3		
		1979	2	1989	0	1999	2		
20 世纪 60 年代合计	23	70 年代合计	24	80 年代合计	21	90 年代合计	18	21 世纪初合计	8

如上表所示，1961～1969 年暴雨日数为 23 次，年均为 2.6 次；20 世纪 70 年代暴雨日数为 24 次，年均 2.4 次；80 年代暴雨日数为 21 次，年均 2.1 次；90 年代暴雨日数为 18 次，年均 1.8 次；2000～2005 年暴雨日数为 8 次，年均 1.4 次。可见 20 世纪 60 年代以后，一方面天津市的暴雨日数逐渐减少。另一方面，城市热岛效应在加强，对 1961～2005 年的日降水数据统计分析表明，6～10月城区比郊区降水偏多 5%，且城区降水的强度比郊区大。热岛效应的加强增加了城市内涝发生的可能性。

6.2.3.2 城市不透水地面

根据天津市统计年鉴的资料统计，天津市城市建设用地面积的变化趋势如图 6-3 所示。可见，随着时间的推移和经济社会的发展，天津市的城市建设用地速度也在加快，大量的土地在城市化进程中被硬化。

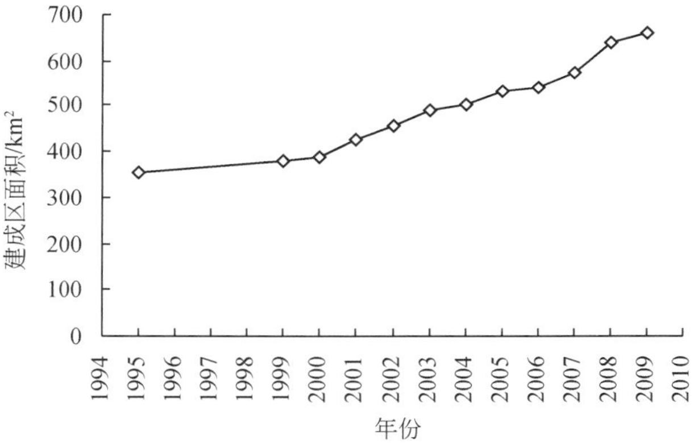

图 6-3　天津市城市建设用地面积变化特点

6.2.3.3 排水管网建设

根据天津市统计年鉴的统计数据，天津市近 20 年左右的排水管网密度变化如图 6-4 所示。如图所示，总体上来说天津市排水管网的建设速度比城市建设用地增加的速度要稍快。但是在部分年份，排水管网建设明显没有跟上城市化的进度，使排水管网的密度有些起伏。

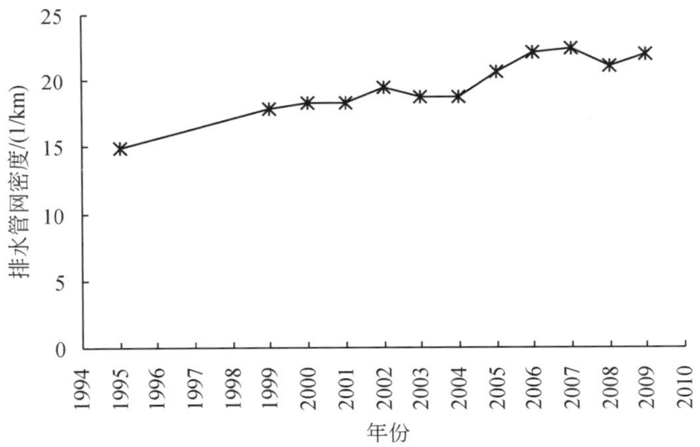

图 6-4　天津市排水管网密度演变特点

6.2.4　城市内涝风险的评估

天津市内涝风险的计算结果如图 6-5 所示。天津市洪水风险系数呈现“两下降”“两上升”的趋势。从 1995 年的 0.11 降低到 2000 年的 0.09，之后波动上升到 2004 年和 2005 年的 0.19，2005 年之后风险系数呈波动中下降的趋势，到 2007 年风险系数降低为 0.15，2009 年又再度上升到 0.18。从整体上看，随着城市化的发展，天津市内涝风险总体处于较低水平。从影响城市内涝风险程度的主要因素变化看，虽然城市化的加快使大量自然状况下的土地被硬化、热岛效应不断加强；但 20 世纪 60 年代特别是 80 年代以来，出现暴雨的日数减少，加上城市排水管网建设加快，缓解了城市内涝的风险。

6.2.5　天津市城市雨水收集利用技术

根据雨水汇集下垫面的差异，分为了屋面、路面和绿地三种雨水收集利用技术，但本次主要关注暴雨洪水相关收集利用技术。

天津市每年汛期都会遭到暴雨的频发袭击，造成市区严重积水，短时期内多处交通瘫痪，给生产和生活带来诸多不便，带来巨大的损失。

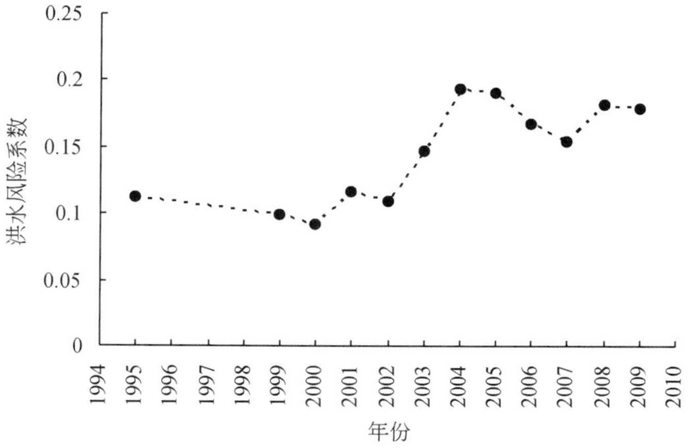

图 6-5　天津市历年内涝风险变化

天津市采用在城市建设中非机动车硬地面透水结构设计，如停车场、人行道、公园小区甬道等，可使天津市城区近 130km^{2}面积接受降水补给，减缓市政排水压力；采用小区蓄水池等技术，可加强雨水收集。例如，水利科技大厦、梅江居住小区等雨水利用示范工程都取得了很好的雨水收集利用效果。天津水利科技大厦集雨面积 1558m^2，建了一个蓄水量为 31m^{3}的蓄水池，用于冲厕所和浇灌绿地，经分析，两年一遇的降水就可就地消纳；梅江小区建有两个蓄水池，虽然有多场强降水，但径流量并不大。

一般而言雨水利用的成本远低于自来水和中水的价格，如大量收集回用雨水资源用于城市景观可大大节省资金。

6.3　本章小结

本章针对城市水循环的典型环节——供水和排水环节，具体为城市绿地生态系统和城市内涝风险评价及雨水收集利用，选择典型城市北京市和天津市进行深入分析。针对城市绿地生态系统，将其作为一种补充的城市供水环境，构建了城市绿地供水量的合理性评价模型，对北京市 2009 年 3 ~ 10 月逐月城市绿地供水的合理性进行了分析，认为北京市的城市绿地供水存在不合理月份，建议进行调整。

针对城市内涝风险评价和雨水收集利用，将雨水作为一种排水方式，通过分析城市内涝形成原因，考虑暴雨量、城市不透水地面、排水管网建设三方面因素，构建风险评估模型，对天津市 1995 ~ 2010 年的内涝风险进行评估，并对天津市目前在城市雨水收集利用方面的经验进行总结。以上两个环节两个案例的分析，将为流域内其他城市提供借鉴。

第 7 章　海河流域城市水循环健康评价分析

7.1　基于 KPI 指标体系的评价模型

7.1.1　KPI 指标体系的构建

7.1.1.1　构建原则

KPI（key performance index）最初用于企业绩效管理评价，具有以事实为基础、以战略为导向、可分解量化的显著特点。KPI 的另一优势在于其管理体系采用的是“二八原理”，即 80% 的工作任务是由 20% 的关键行为完成的（Ben et al.，2011）。因此，只要抓住 20% 的关键行为，对之进行分析和衡量，这样就能抓住评价的重心；这正是 KPI 方法成为目前世界上较为欢迎的绩效评价方法的原因所在。

在上述城市水循环机理剖析的基础上，基于 KPI 考核评价方法，本书提出了一个广义的城市水循环健康评价体系。为了评价的全面性和普适性，在指标体系选取上，参考“二八原理”和 SMART 准则，制定以下原则：首先，以城市健康水循环作为城市战略发展的主要目标，运用 KPI 详细分解战略指标，并进一步细化延伸，做到与时俱进，与城市水循环目标保持同步变化；其次，选取的 KPI 对城市水循环可控成分的有效衡量，因为只有当其具备了可控性才能真正体现健康评价的意义；最后，KPI 必须是整个城市体系所认同的评价指标，具有良好的普适性，易在不同城市进行推广，并且指标涉及各相关部门，以便整个城市保持健康发展方向的一致性。

7.1.1.2 指标选取

基于城市水循环的自然和社会两个属性特征，针对城市水循环模式中的供水、用水、排水、回用四大循环过程，在解析该四大过程相互关联度及协调度的基础上，构建城市水循环的健康评价体系的维度层。鉴于以往的水资源管理规划中，存在着重开源、轻节流和保护，重经济效益、轻生态与环境保护的缺陷，参考上述原则，构建评价的具体指标体系，具体的：①在供水维度上，主要考虑城市供水保证能力，并兼顾使用效率和生态环境要素对其进行指标分解，主要有城市供水管网覆盖率、工业供水保证率、工业用水保证率、居民生活供水保证率、生态需水保证率、集中式饮用水源地安全保障达标率、公共供水有效供水率、自来水普及率等指标；② 在用水维度上，主要考虑城市用水保证能力的用水问题，提取用水总量控制达标情况、万元GDP用水量相对值、生态用水满足程度、城市生活用水相对值作为评价指标，用以反映城市用水的变化情况；③ 在排水维度上，主要考虑城市排水设施的完善程度以及污水处理情况，得出城市污水管网覆盖率、污水集中处理率、Ⅲ类水质以上河长比例等作为评价指标，用以反映城市排水综合能力；④在回用维度上，主要考虑再生水利用的能力，以海绵型城市为城市发展目标，提取中水管网覆盖率、工业用水重复利用率和再生水回用率等作为评价指标。

7.1.1.3 指标优化

健康指标筛选通常是以指标的适用性来进行分析，对城市水循环健康相关性较差或提升空间小、评价成本较高的，标为“-”，关联性一般、改进空间小的，标为“0”，对城市水循环健康意义较大、有较大提升优化空间等，标为“+”，具体标准见表7-1。

表 7-1　绩效指标筛选的适用性分析标准

符号	与水循环健康的相关性	提升空间	评价难度/成本	实施难度
“–”	相关性弱	向上提升空间较小，也不易下跌	评价成本高、信息来源不准或容易引起重大负面影响	系统暂时无法实现
“0”	相关性一般	一般	一般	一般
“+”	相关性强	向上提升空间较大，或容易下跌	易于计算、数据有一定的可靠性、代表性，且成本效益比适宜	系统已具备实施条件

通过适用性分析法得出最终指标筛选结果，选择标有“+”号的指标（表 7-2）构建整个评价体系，如图 7-1 所示。

表 7-2　基于 KPI 的城市健康水循环指标体系

基础指标	关键要素	城市水循环指标
供水	城市供水保证能力	自来水普及率/%
		公共供水有效供水率/%
		集中式饮用水源地安全保障达标率
用水	城市用水保证能力	万元工业增值用水量相对值/%
		生态用水满足程度/%
		城市生活用水相对值/%
排水	城市排水设施建设	城镇废污水集中处理率/%
		Ⅲ类水质以上河长比例/%
回用	城市再生水利用能力	工业用水重复利用率/%
		再生水回用率/%

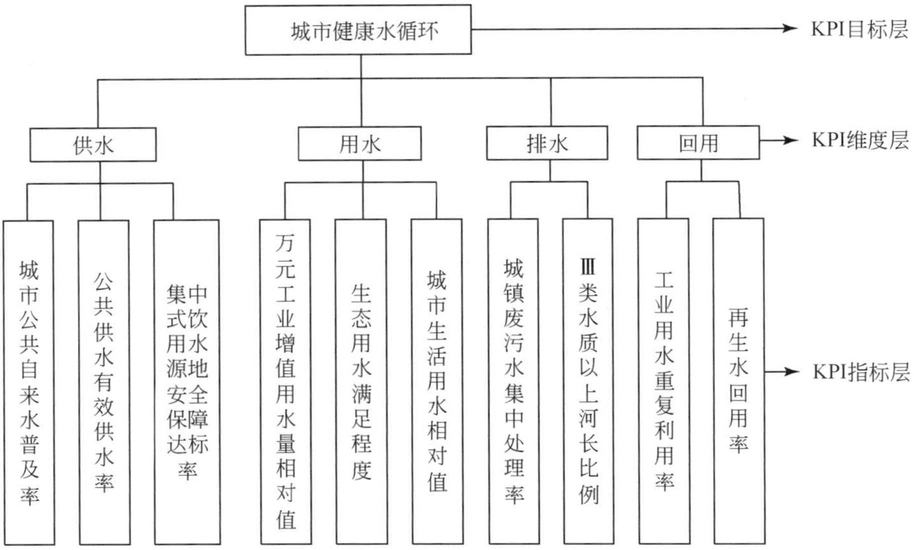

图 7-1　基于 KPI 的城市健康水循环评价体系

7.1.2　指标体系权重的确定

指标的权重确定是评价工作中另一个重要环节。权重的设计会直接影响到考核结果的可信度，从而影响整个健康评价结果及其后续工作甚至整体战略目标的实现。因而选择适用的方法，进而确定一个合理的权重非常关键。目前，确定权重比较常用的方法是 AHP（analytic hierarchy process）方法，具体过程（王为人和屠梅曾，2005）如下。

1）根据指标体系及其隶属关系（图 7-1）建立层次结构模型；在此，维度层即准则层。

2）构造判断矩阵 $\boldsymbol{A}$：

$$\boldsymbol{A} = (a_{ij})_{m\times n} = \begin{bmatrix} a_{11} & a_{12} & \cdots & a_{1n} \\ a_{21} & a_{22} & \cdots & a_{2n} \\ \vdots & \vdots & & \vdots \\ a_{m1} & a_{m2} & \cdots & a_{mn} \end{bmatrix} \tag{7-1}$$

式中，a_{ij} 为指标体系中的各个指标判断值，其取值原则为：比较它们对上一层的某一准则层（或目标层）的重要程度，再根据专家征询结果确定在该层中相对于某一准则层所占的比例（即将 n 个因素对上一层目标的影响程度进行排序）；在比较时选取 1 ~9 尺度的分级标准（表 7-3）给 a_{ij} 赋值并构建判断矩阵（金菊良等，2002）。

表 7-3　因子相对重要性标度

两因素相对重要程度	绝对重要	十分重要	比较重要	稍微重要	等同重要	稍不重要	比较不重要	很不重要	绝对不重要
标定值	9	7	5	3	1	1/3	1/5	1/7	1/9

计算 A 的每一行元素的乘积 M_i：

$$M_i = \prod_{j=1}^{n} a_{ij}(i = 1, 2, \cdots, m; j = 1, 2, \cdots, n) \tag{7-2}$$

计算 M_i 的 n 次方根，并归一化，记为 w_i，

$$\overline{W}_i = \sqrt[n]{M_i}\ ; \tag{7-3}$$

$$w_i = \overline{W}_i / \sum_{i=1}^{n} \overline{W}_i\ , \tag{7-4}$$

则 $W = [w_1, w_2, \cdots, w_n]^{\mathrm{T}}$ 即为所求特征向量，也即各元素的权重系数向量；通过矩阵计算，可以得出特征向量 W 的最大特征根 $\lambda_{\max}$：

$$\lambda_{\max} = \sum_{i=1}^{n} \frac{(AW)_i}{nw_i} \tag{7-5}$$

3）一致性检验：为了检验权重的可靠度，需对各层级要素及其排序进行一致性检验，具体过程与公式为

$$R_{\mathrm{C}} = I_{\mathrm{C}} / I_{\mathrm{R}} \tag{7-6}$$

$$I_{\mathrm{C}} = (\lambda_{\max} - n)/(n - 1) \tag{7-7}$$

式中，R_{C}为一致性比例；I_{C}为一致性指标；I_{R}为随机一致性指标；$\lambda_{\max}$为判断矩阵的最大特征根；n 为成对比较因子的个数。一般来说，当$R_{\mathrm{C}}<0.10$ 时，就认为判断矩阵具有令人满意的一致性；当$R_{\mathrm{C}} \geqslant 0.10$ 时，就要调整判断矩阵，直至满意为止。若通过一致性检验，则权重系数向量 W 即可被采用。

7.1.3 指标体系的评价标准

基于 KPI 考核标准，采用等级描述法制定指标体系的评价标准。等级描述法是对工作成果或工作履行情况进行分级，并对各级别数据或事实进行具体和清晰的界定，据此对被考核者的实际工作完成情况进行评价的方法（Ben et al.，2011）。依据国家对健康城市的相关要求和国家环保部对健康城市建设的相关标准来确定城市健康水循环的评价标准（张杰和李冬，2010）。具体的，将健康评价标准分为“非常健康”“健康”“亚健康”“病态”和“严重病态”，并对每个健康状态赋值（表 7-4）。根据每个指标所处的健康状态，判断每个指标的健康分数，再进行加权计算，得出总的评价结果。计算公式如下。

$$H = \sum_{i=1}^{n} h_i \cdot w_i,\ i = 1,\ 2,\ \cdots,\ n \tag{7-8}$$

式中，H 为评价总得分；h_i 为单项指标的健康得分；w_i 为指标的权重，由式（7-4）求得。

表 7-4　城市水循环各指标健康分区　（单位：%）

维度	KPI 指标名称	指标分级阈值及分值					指标属性
		非常健康	健康	亚健康	病态	严重病态	
		5	4	3	2	1	
供水	自来水普及率	100	100～95	95～85	85～70	<70	社会
	公共供水有效供水率	100	100～95	95～85	85～70	<70	社会
	集中式饮用水源地安全保障达标率	100	100～95	95～90	90～80	<80	自然
用水	万元工业增值用水量相对值	0～25	25～50	50～100	100～150	>150	社会
	生态用水满足程度	100～65	65～50	50～35	35～20	<20	自然
	城市生活用水相对值	<100	100	100～125	125～150	>150	社会

续表

维度	KPI 指标名称	指标分级阈值及分值					指标属性
		非常健康	健康	亚健康	病态	严重病态	
		5	4	3	2	1	
排水	城镇废污水集中处理率	100 ~ 95	95 ~ 90	90 ~ 85	85 ~ 80	<80	社会
	Ⅲ类水质以上河长比例	100 ~ 90	90 ~ 75	75 ~ 60	60 ~ 50	50 ~ 0	自然
回用	工业用水重复利用率	100 ~ 90	90 ~ 80	80 ~ 60	60 ~ 40	40 ~ 0	社会
	再生水回用率	100 ~ 60	60 ~ 40	40 ~ 20	20 ~ 10	10 ~ 0	社会

7.2 天津市水循环健康评价实例研究

本次实例研究选择天津市建成区水循环体系作为评价对象，对其 2000 ~ 2012 年的城市水循环健康状况进行了诊断。依据表 7-2 所示的指标体系，搜集 2000 ~ 2012 年《天津市水资源公报》《天津市统计年鉴》中的基本数据，并结合《全国水生态文明市（县）评价标准》《海绵城市建设技术指南》统计分析得出每年的指标值。根据 7.1.1 节，构建 KPI 天津市水循环指标体系；根据 7.1.2 节，求得指标权重，且本次计算，所有的权重相应的 R_c 均远远小于 0.10，具有较好的一致性；根据 7.1.3 节，逐年评价了各指标及各维度的健康等级，各指标及其年平均健康评价结果、各维度权重及其年平均健康评价结果如表 7-5 所示。

表 7-5　2000 ~ 2012 年 基于 KPI 的天津市健康水循环考核指标等级分配评价结果

（单位:%）

维度	KPI 指标名称	指标权重	指标健康（平均）	维度权重	维度健康（平均）
供水	自来水普及率	0.1823	5.00	0.3647	4.46
	公共供水有效供水率	0.0912	2.85		
	集中饮用水源地安全保障达标率	0.0912	5.00		

续表

维度	KPI 指标名称	指标权重	指标健康（平均）	维度权重	维度健康（平均）
用水	万元工业增值用水量相对值	0.0583	5.00	0.2331	3.27
	生态用水满足程度	0.1165	2.54		
	城市生活用水相对值	0.0583	3.00		
排水	城镇废污水集中处理率	0.1847	1.54	0.2771	1.41
	Ⅲ类水质以上河长比例	0.0924	1.15		
回用	工业用水重复利用率	0.0939	3.85	0.1252	3.63
	再生水回用率	0.0313	3.00		

7.2.1 单一指标健康评价结果

为了掌握天津市水循环的本底条件，对 2000 ~ 2012 年天津市各指标数据进行了标准化无量纲处理，根据表 7-4 划分每项 KPI 指标的健康状况和相关资料，诊断得出各指标的健康情况，构建天津市水循环指标健康图解，如图 7-2 所示。

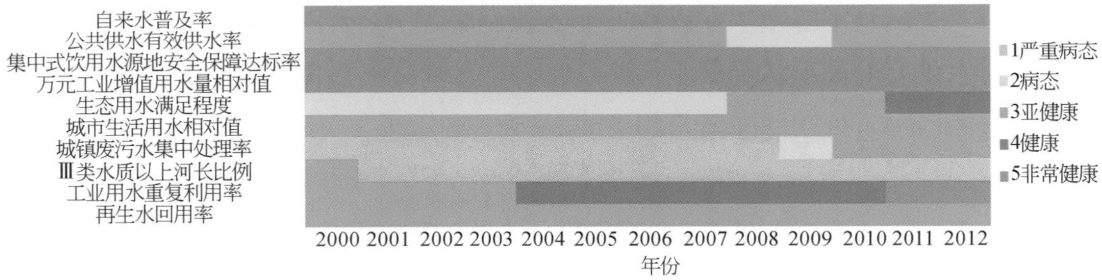

图 7-2　2000 ~ 2012 年天津市水循环指标健康图解

由图可得，在评价的各项指标中，供水维度的自来水普及率、集中式饮用水源地安全保障达标率，以及用水维度中的万元工业增值用水量情况最优，且一直处于非常健康状态，这反映了 2000 ~ 2012 年，天津城区在供水方面得到了充足的保障；近 10 年以来，天津市的城市生活用水和再生水一直维持在亚健康状态；公共供水有效供水率除在 2008 年和 2009 年处于病态外，其他评价年均处于亚健康状态；在 2000 年，Ⅲ类水质以上河长比例表现出亚健康状态，其他评价年均处于严重病态，且均未得到明显的好转；除此之外的生态用水、工业用水重复利用率、城镇污水集中处理率呈现出渐变转好的趋势，且到2012年除Ⅲ类水质以上河长比例外的9个指标均摆脱了病态。

7.2.2 维度健康评价结果

根据图7-2所示的各KPI指标逐年健康评价结果以及表7-5所示的权重值，评价得出2000～2012年天津市水循环KPI维度健康状况，如图7-3所示。可知，从分值上看：供水维度得分最高（表7-5），并且只有这一维度在所有年份都处于健康状态，尽管有两年（2008年和2009年）的健康状态出现下滑，但其评价得分依然处于健康范畴中；从整体状态来看：供水评价整体最优，全系列均处于健康；从变化趋势上看，各项指标变化均呈上升趋势，其中回用维度和用水维度走向最好，呈阶梯上升，且回用维度的增长趋势大于用水维度。无论哪个方面，研究区排水维度的健康状况最差，整体得分最低（表7-5）；整体状态最糟，仅2010～2012年摆脱严重病态，且该年度得分略高于2；在2000～2001年，呈现下降趋势，且下降速率在所有维度中最为显著。结合图7-2、图7-3及表7-5可知，排水维度的健康状况最差与Ⅲ类水质以上河长比例在2001～2012年以及在整个评价阶段一直处于病态紧密相关。

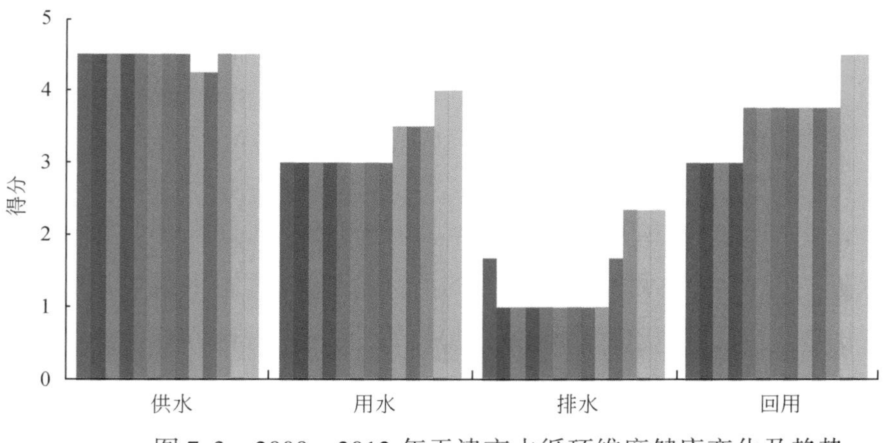

图7-3　2000～2012年天津市水循环维度健康变化及趋势

7.2.3 综合健康评价结果及其分析

在天津市水循环各指标健康评价基础上，由式（7-8）对 2000 ~ 2012 年天津市水循环整体健康逐年进行诊断，各年总体得分状况如表 7-6 所示，逐年发展趋势如图 7-4 所示。

表 7-6　2000 ~ 2012 年天津市水循环健康评价结果

年份	健康分值	健康排名	健康等级	健康趋势
2000	3. 178	4	亚健康	↘
2001	2. 9932	7	病态	—
2002	2. 9932	7	病态	—
2003	2. 9932	7	病态	—
2004	3. 0871	6	亚健康	↗
2005	3. 0871	6	亚健康	—
2006	3. 0871	6	亚健康	—
2007	3. 0871	6	亚健康	↗
2008	3. 1124	5	亚健康	↗
2009	3. 2971	3	亚健康	↗
2010	3. 573	2	亚健康	↗
2011	3. 7834	1	亚健康	↗
2012	3. 7834	1	亚健康	—

从综合得分结果来看，天津市城市水循环在 2001 ~ 2003 年处于病态，2000 年、2011 ~ 2012 年处于亚健康状态，其中 2001 ~ 2003 年为健康状态的持续最低点，也是持续转折点，2001 ~ 2002 年健康处于下滑趋势，之后在大体上呈现上升态势。由 7. 2. 2 节和 7. 2. 3 节分析以及各指标权重（表 7-5）可知，Ⅲ类水质以上河长比例的变化是引起2001 ~ 2003 年天津市水循环健康状态恶化的主要原因，也正由于Ⅲ类水质以上河长比例在 2011 ~ 2012 年仍处于严重病态，使得 2001 ~ 2012 年天津市水循环综合状态处于亚健康状态，还未完全趋于健康。综上可见，改善天津市河流水质是提高排水维度健康以及水循环整体健康的关

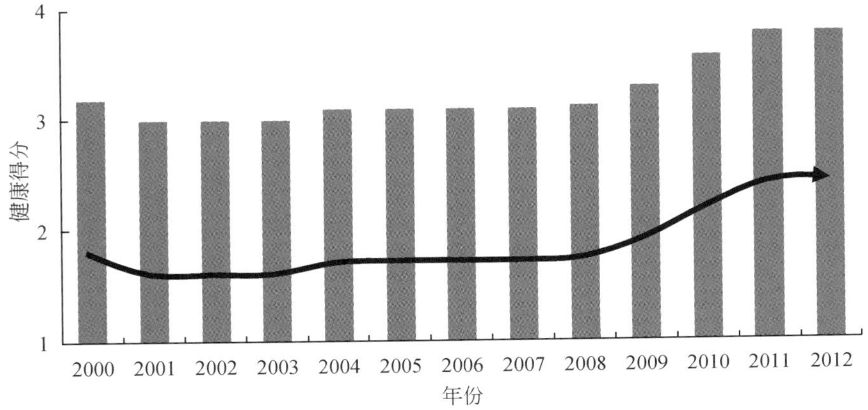

图 7-4　2000 ~ 2012 年天津市水循环健康变化及趋势

键，也是构建天津市健康水循环的难点。

通过上述天津市水循环 KPI 维度和综合评价结果分析可得出评价结果变化的原因，首先，天津市经济产业结构调整直接影响水循环过程中各个通量的变化；其次，其评价结果在评价年期间的变化趋势与天津市城市基础设施建设情况密切相关；最后其逐年评价结果与变化趋势与国家政策以及水利民生政策的落实密切相关，且这些评价变化的时间节点与国家政策的颁布和实施的节点具有高度的一致性（图 7-2 ~ 图 7-4）。具体分析如下：①从经济产业调整的角度分析，天津市作为高效工业型城市，第二产业在经济发展方面占有很大比例，由 2000 年的 49.5% 上升到 2008 年的 60.1%，又下降到 2012 年的 51.7%，2004 年工业用水重复利用率达到 85% 高于 2000 ~ 2003 年。产业结构的调整带动第二产业的用水量以及其产生的排污量，到直接影响天津市供水、用水、排水、回用各维度状况，进而导致 2001 ~ 2003 呈现病态化。②从基础设施建设的角度出发，城市供水管网密度逐年提高，到 2012 年为止，天津市建成区供水管网密度达到了 17.9km/km^2，排污管网 24.59km/km^2，2009 年污水处理率达到 80.1%，使得 2008 ~ 2009 年的评价得分得到提高，并保持增长的趋势。③从区域落实国家涉水政策的角度分析，区域一系列水利民生措施极大地改善了天津市的水循环健康状况，并且每项政策或者措施的实施完成，与之密切关联的 KPI 健康指标及维度在同一时间节点都有体现，如 2008 年生态用水摆脱病态，就是《天津生态市建设行动》的建设成效的直接映射。2010 ~ 2012 年各项指标均有质的改变，这与“最严格水资源管理制度”“三条红线”等国家政策密不可分，促使天津市水循环的健康状态持续提升。

综上可知，国家和区域的一系列政策极大改善了天津市的水循环整体状况，在城市水循环子系统、循环路径和循环结果上产生了许多成效；这些成效可以由本次 KPI 指标体系的健康评价中得到了不同体现和映射。因此，本次水循环诊断结果能够客观一致的反映研究区的水循环情势变化及其趋势；进而说明了评价指标选取的合理性、权重计算的稳定性、诊断方法的可行性，以及诊断结果的实效性。

7.3 本章小结

随着人类活动扰动的逐渐增强，流域水循环逐渐变异为“自然-社会”二元水循环，而城市水循环则是“自然-社会”二元化的典型体现。尽管城市水循环的社会属性显著，但其自然属性亦很重要；并且，城市水循环的自然过程如何、社会水循环对自然过程的扰动如何是判定城市水循环是否健康的关键。基于此理念，在剖析城市水循环结构的基础上，本书认为城市水循环的健康在各子系统中表现为：优质保证供水、高效节约用水、洁净快速排水和适当再生回用；在两大循环路径上表现为：社会水循环过程对自然水循环过程的扰动最小，可以维系或恢复城市的良好水生态和水环境，实现水资源的可持续利用（王建华等，2014；张杰和李冬，2010）。

第 8 章　城市区域水文研究及分布式模拟与实例应用

近些年来，由于我国高速的城市化进程，城市人口的急剧增加，城市区域的水循环通量已经严重影响了自然流域的天然水循环过程，流域水循环规律具有明显的“自然-人工”二元驱动特征。随着城市的进一步扩大，外调水成为区域城市用水的一个重要水源。在这种形势下，城市水资源规划实践的一个重要难题就是如何准确预测城市区域的供用水负荷及其时空分布规律。以往的城市区用水预测是基于定额法进行的，将研究的城市也视为一个整体，不能体现城市不同地区的需用水时空变化规律的差异，这样一来，就不能体现城市区域社会经济用水的时空分异规律。

8.1　城市水文研究进展

根据联合国人口署的预测，2030 年世界上每个发展中国家或地区的城市化率都将超过 50%；2050 年将有 2/3 的人口居住在城市。目前全球正处于城镇化快速发展期，由此引发的城市水问题愈发突出，城市水文学研究需求也愈加迫切。20 世纪 90 年代初，地球上城市面积约 100 万 km^2，占地球陆地面积的 0.67%。1990 年以来，世界城市面积平均每年以 5% 的速率增长，目前城市面积约占全球陆地面积的 3%。据对中国 657 个城市的统计数据，近 10 年来我国建成区面积平均每年以 7% 的速率增长，相当于每年增加一个上海市。城市化带来一系列水文效应，包括“雨岛效应”“干/湿岛效应”等。随着城市人口、建筑物密度，以及能源、水资源消费强度的增加，这些效应愈发强烈，严重影响城市居民的生活和城市生态、环境安全。城市水问题统一的科学基础就是城市水文学，包括城市降水、径流、蒸发、入渗、径流及其伴生的污染物迁移等过程。因此，加强城市水文学研究是全球城市化趋势下的科学和实践需求。

城市水文学研究开始于 20 世纪 60 年代。联合国教科文组织 1974 年发表相关成果，对城市化进程带来的城市水文效应进行了系统的阐述。随着西方发达国家的城市规模的不断扩大，不断出现了许多新的城市水问题，这些问题超出了传统水文学的研究范畴，在这种情况下，城市水文学应运而生。英国水文学家 Hall（1984）最早在 1984 年提出城市水文学（urban hydrology）的定义，即“受城市化影响的城市环境内外的水文过程研究”。2004 年国际水文学领域的权威期刊 *Journal of Hydrology* 出版了关于城市水文学研究专辑，对城市降水的空间变异和数据同化（Berne et al.，2004；Durrans et al.，2004；Einfalt et al.，2004）、城市降水-径流过程模拟、城市化对土壤水和地下水的影响机理、城市雨洪和内涝等进行了系统深入的探讨。我国城市水文学研究始于 20 世纪 80 年代。詹道江（1989）、朱元甡和金光炎（1991）、周乃晟和贺宝根（1995）、拜存有和高建峰（2010）等先后出版了城市水文学方面的专著，推动了本学科在中国的传播和发展。2010 年 10 月在北京召开了城市水文高层研讨会，胡四一等明确提出城市水文的四大基本问题：城市防洪排涝、城市水环境、城市水资源、城市水生态。城市水文学作为水文学的一个分支，顾名思义，就是研究发生在城市系统水循环过程和水资源利用问题的学科，其研究内容可概括为两大方面——城市化的水文及其伴生效应、城市水文过程机理与模拟。涵盖四大主要研究内容：城市化的水文效应、城市化伴生的水环境及水生态效应、城市化水文过程机理、城市化水文过程模拟模型。

8.1.1 城市化的水文效应

将城市化过程中对区域水循环和水文过程产生的影响以及由此引发的水文现象称为城市化水文效应。从水文过程本身来看，城市化带来的水文过程效应主要包括：城市降水过程特征突变、城市耗散强度增大以及城市产汇流过程畸变等。对于城市降水过程，众多研究表明城市市区内的降水量显著高于郊区降水量，城市周围降水时空趋势性分布十分明显，其主要原因是城市化对水分和能量收支的影响，这些影响被称之为城市“热岛效应”“雨岛效应”“干/湿岛效应”等。其中，城市“雨岛效益”和“干/湿岛效应”与城市“热岛效应”密切相关。在城市“热岛效应”方面，Gedzelman 等（2003）、Champollion 等（2009）、Bottyan 和 Unger（2003）、Nadir（2011）等基于城区和郊区的气温观测数据分别研究了美国纽约、法国巴黎、匈牙利塞巨、苏丹喀土穆等城市的热岛效应，发现纽约城市热岛效应最强，城区和郊区的气温差最高可达 8℃。张景哲等（1984）、周淑贞（1988）等对北京、上海的“热岛效应”做了系统研究。在“热岛效应”定量模拟方面，日本学者 Kimura 和 Takahashi（1991）和 Toshiaki 等（1999）建立了人工热排放（包括汽车尾气、工业废热、人工取暖等）的精细模拟模型，绘制了较为详细的逐日和年际人工热排放变化图。香港城市大学 Chan（2011）建立了考虑热岛效应的城区温度变化修正曲线。

在“雨岛效应”方面，黄国如和何泓杰（2011）在济南的研究表明，“雨岛效应”导致城市增雨率约为 10%；曹琨等（2009）选取 1959 ~ 2007 年上海市龙华站降水、气温资料及青浦、嘉定降水资料，运用累积曲线、距平统计和相对偏差对比等方法对上海地区降水量进行统计分析，发现“雨岛效应”主要集中于汛期 5 ~ 10 月，市区降水平均年增长率为郊区的 1.6 倍；目前，在国际上关于“雨岛效应”具有两个基本观点：一是城市化导致城区高强度降水增加，二是城市化及其工业污染产生的气溶胶导致城区降水减少。第一种观点的代表性研究在墨西哥城，Jauregui 和 Romales（1996）通过 1941 ~ 1985 年的数据分析，发现夏季城区“>20mm/h”的高强度降水明显增加，而同时期郊区雨量站的降水没有显著变化。第二种观点的代表性人物是 Daniel（2000），他基于 NOAA/AVHRR 数据和历史降水数据分析得出“城市化和工业污染导致区域降水量减少”。这两派观点看似矛盾，实际具有科学上内在一致性，城区点上极端（高强度）降水增加，是以面上其他区域降水的减少为代价的，因为区域水汽通量条件并没有发生大的变化，“点”上多必然导致“面”上少。

在“干/湿岛效应”方面，目前的研究主要集中在对长时期、大范围气象观测资料的对比分析上，Katharine 等（2007）基于全球 1973 ~ 2003 年系列 5°×5°分辨率的逐月地表湿度分布数据分析发现，城市化及其他人类活动导致地表水汽含量（绝对湿度）明显增加。Brown 和 Degaetano（2013）等基于美国 145 个气象站的逐小时湿度数据分析了美国 1930 ~ 2010 年的地表湿度演变趋势，发现绝对湿度普遍增加，相对湿度在城市和郊区表现不一样，东部、中部和西部表现也不一样，大体是东部城市呈现“干岛”，西部城市呈现“湿岛”。顾丽华等（2009）利用 4 个气象站 1961 ~2005 年水汽压、相对湿度的资料，对南京市的城市干岛和湿岛效应进行了全面、细致的研究，发现南京市在平均相对湿度和水汽压上表现为明显的干岛效应，随着城市规模的发展，南京城市干岛效应总体为增强的趋势；在浙江省丽水市和福建省厦门市，潘娅英等（2007）的研究也得到了“城市干岛”的结论。

在城市蒸散发研究方面，已有研究认为，由于城市化进程使植被、土壤等下垫面条件被不透水硬地面替代，持水下垫面的减少会导致蒸发量的减少。倪广恒和敬书珍（2008）基于遥感技术研究了城市蒸散发过程与土地利用/覆盖的响应关系；吴炳方和邵建华（2006）基于遥感影响建立了区域蒸腾蒸发量的时空推演方法，该方法在流域大尺度范围内应用较好，但其空间分辨率较低，导致城市区的模拟精度受到限制，而且也没有考虑城市人工取用水的蒸发耗散。秦大庸等（2008）将下垫面分为五类（耕地、城乡居工地、陆生植被区、水生植被区、未利用土地），分别提出了各项 ET 的理论与计算方法，在城市耗水计算中综合运用了用水定额、耗水系数和水量平衡法。在耗水率计算方面，李彦东（2007）认为“工业和生活用水的蒸发耗水率不超过 10%”。总体来看，目前城市蒸散发对“自然侧”、大尺度的研究较多，对城市耗用水过程的综合蒸散发过程的研究还比较少。

8.1.2 城市化伴生的水环境及水生态效应

从历史的发展来看，城市化和工业化往往导致城市环境恶化，生态受到较大破坏。中国目前处于工业化中后期和快速城市化时期，城市环境和生态质量逐渐成为制约社会可持续发展的重要因素。其中，水环境和水生态是城市生态环境体系的重要组成部分。2007 年，经济合作与发展组织（OECD）发布的《中国环境报告》指出，中国在经济迅速发展的同时，环境质量水平大幅度下滑，“与世界上最贫穷的国家近似”。根据中华人民共和国环境保护部《2013 中国环境状况公报》，中国已有超过 30% 的主要河流，70% 的湖泊和 20% 的沿海水域遭到严重污染，尤其是流经城市段的河流污染最为严重。同时，城市区域地下水污染问题不容忽视，地下水水质优良的比例仅占37.3%。水环境和水生态恶化不仅对居民饮用水安全构成威胁，也是城市实现可持续发展、经济稳定增长的绊脚石。

因此，近些年来，城市化、工业化伴生的水环境与水生态效应相关研究成为城市水文学领域的热点之一。在城市水环境方面，以水环境承载力研究为着眼点，在此基础上提出了水环境纳污能力计算、水环境过程演变模拟等模型和污水处理系统的实施监控方案。水环境纳污计算模型可以定量求解水环境承载力，对城市建设决策，可持续发展提供有力依据。郭怀成和唐剑武（1995）以山东省临淄市为例，建立了该区水环境系统动态预测与决策模型，由模型获得定量化水环境承载力，以研究城市水环境与社会、经济综合协调发展战略及对各协调策略进行评价。崔凤军（1998）采用系统研究方法，利用城市水环境承载力指数对城市水环境做出分析，对策略变量做出预测、优化，并利用系统动力学模拟手段进行实证研究。左其亭等（2005）提出了计算城市水环境承载能力的“控制目标反推模型”（COIM 模型），同时以郑州市为应用范例，介绍城市水环境承载能力计算模型应用及水环境调控对策制定。水环境和水质过程演变研究主要从污染物性质、污染事件的过程与方式等方面认识环境恶化与水质劣变过程的演化机理，同时提出相关防治对策。张学勤和曹光杰（2005）就城市水质问题提出了节约用水、控制点源和面源污染、加强城市绿地建设、生态修复城市水体等改善城市水环境质量的具体措施。任玉芬等（2005）通过对不同城市下垫面的分析，研究了屋面和路面等不透水面以及绿地三类城市主要下垫面形式的降水径流污染。Zheng 等（2014）通过动态建模方法，研究城市雨水径流多环芳香烃（PAH）的污染评估。Gnecco 等（2005）研究了在城市表面的降水污染，分别调查了屋顶和路面污染情况。结果显示在路面径流中最显著的污染物为溶解形式的 Cu、Pb 和 Zn 的重金属；屋顶径流锌浓度是非常高的。Vizintin 等（2009）使用结合过程的模型测定考虑城市水循环的城市冲积含水层地下水污染。

在城市水生态方面，相关研究结合城市生态建设管理实践，通过水与其他生态要素的统一分析，为城市生态可持续发展提供决策依据与科学建议。早期的城市生态建设规划主要考虑城市结构、形态设计等，忽视了能源的节约和环境的保护，直到 20 世纪 90 年代初，城市水问题、水环境和水生态的研究才逐渐受到重视。Kattel 等（2013）认为，城市生态是一个联合的整体，是建筑、土地利用、城市绿地、道路、湿地、栖息地及岛屿等不同的组合的聚集，对维持城市生态、保障城市可持续发展十分重要。Göbel 等（2004）提出了拟自然的城市水文生态管理方法，并评估了这种管理模式下城市地下水的响应规律。王沛芳等（2003）提出了水安全、水环境、水景观、水文化和水经济五位一体的城市水生态系统建设模式。Wang 等（2006）研究了青岛市崂山区水和生态的综合管理，对于城市居民区的废水排放，水体富营养化和藻类的营养物质汇集，人工湿地和沿岸水生植物形成了缓冲地带。周文华等（2006）以北京市为例，探讨了城市水生态足迹的内涵和 4 种典型城市水生态足迹的发展轨迹，提出了基于城市生态需水量的水生态足迹的核算方法。刘武艺等（2007）定义了基于城市水生态系统健康的生态承载力，提出了“基于城市水生态系统健康的生态承载力-压力量化模型”，并根据理论模型设计了计算模型。

综上所述，城市水环境与水生态效应，研究不单单局限于水资源本身，多结合城市整体建设规划，考虑经济和社会因素。在水环境治理方面，水环境承载力具备了一定的研究基础，今后的主要研究方向应该侧重于污染物的运移转化以及污染事件和水质劣变过程机理的认识和模拟等方面。水生态研究作为城市生态建设的重要部分，则紧密结合了经济、社会等各类因素。城市生态需水量、城市生态承载力等研究都已开展。在城市生态建设日益得到重视的情况下，水生态学的研究将以可持续发展为目标，为统筹规划、综合管理提供理论依据。

8.1.3　城市化水文过程机理研究

城市化水文过程机理研究是城市水文研究的另一重要分支，这部分研究可划分为“自然”和“社会”两个方面，“自然”方面重点研究天然降水在城市复杂下垫面上的运动转化和消耗过程；“社会”方面则集中于城市供用水方式和排水过程特征等。

“自然”方面早期主要关注城市暴雨洪水及市政排水设计等工程问题，中国部分高校为此开设了“城市水利工程”专业。近期关注城市水文内在机理与模拟预测等基础科学问题，包括不同城市下垫面的降水–径流关系、城市产汇流集成模拟、城市暴雨洪水的源头控制等。研究结果表明，城市化对天然水循环的影响作用主要集中在以下几个方面：①城市化进程改变了天然的下垫面条件，隔断了地表、土壤与地下的水文联系，在一定程度上改变了区域的产汇流特性；②城市化进程破坏了已有的水文格局，改变了原有的水生态系统平衡，对城市生态环境带来一定程度的影响；③城市化进程从整体上改变了城市水文系统的调节能力，增大了城市洪水内涝的发生风险。

“社会”方面，已有研究重点关注城市供水安全，研究不同城市单元的用水量及其影响因素以及城市水体水质劣变与驱动机制研究等。Mercedes 等（2011）对巴塞罗那居住区游泳池的用水量进行了分析，发现城市游泳池的用水约占了总用水量的 10%，富人区游泳池相对较多，人均用水量也更高一些。Rachelle 等（2011）通过澳大利亚黄金海岸 132 个家庭的用水观测和行为分析，研究了有无节水意识对最终生活用水量的影响。Peter 和 Denny（2012）对澳大利亚布里斯班城市资源消耗（水资源、能源、住房）的决定因素的半定量分析表明，用水量的决定因素主要取决于收入水平，个人节水意识对片区用水量的影响较小。Angela（2011）研究了西班牙马洛卡旅游度假区的用水量，指出高端旅游度假区人均用水量最高，其原因之一就是其私家花园的用水量占到了夏天总用水量的 70%，大众旅游度假区的花园用水量占 30%，城市居住区约占 20%。刘家宏等（2010）、左其亭（2008）等剖析了中国城市生活用水指标的演变机理，建立了考虑气候、经济发展水平等因素的城市生活用水指标计算模型。

城市水质劣变和污染负荷驱动机制是“社会侧”新的研究热点。Chebbo 和 Grommaire（2004）通过法国巴黎一个名叫“Le Marais”的城市试验小区的综合观测，定量分析了下水道系统的污染负荷，分别估计了径流、废污水和下水道的沉积物对总污染负荷的贡献。Campisano 等（2004）利用数学建模和实验观测，研究了下水道的冲洗脉冲波对管道沉积物的冲刷效应。李家科等（2010）从机理模型、统计模型和概念模型三个方面进行了归类整理，梳理总结了城市面源污染估算的主要方法和模型，系统地阐述了城市地表径流污染的过程机理与描述方案。

8.1.4 城市化水文过程模拟模型

城市水文过程模拟模型研究主要集中在城市产汇流与暴雨内涝过程方面，已有研究认为城市化导致城市产汇流机制和产汇流特性均发生改变。Urbonas 等（1989）绘制了城市暴雨径流系数与城市不透水面积比例的相关关系图，表明随着城市下垫面不透水特性的增强城市产流系数迅速增大。Brun 和 Band（2000）研究表明，城市不透水面增加 0.1～1 倍，产生的地表径流将增加 2～5 倍。Seth 和 Norman（2011）在美国对高度城市化流域和自然流域进行对比研究后发现，城市化区域降水径流峰值要比自然流域高出 30% 以上，同时，城市化区域径流衰退系数要比自然流域低 40% 左右。Mark 等（2004）解析了暴雨洪水时城市表面流和下水管道流量之间的相互作用。我国学者在城市产汇流和洪涝研究领域主要集中在对城市降水和径流的预报上。许有鹏等（2009）以我国南方城市地区为例，借助“3S”技术平台，对区域径流过程进行了模拟，结论表明快速城市化导致区域不透水率增加，河网滞蓄能力下降，区域径流深度和径流系数增大。

由于水文过程的复杂性和不确定性，原型观测的难度较大。随着计算机技术和数学模拟技术的发展，借助区域或者流域水文模型对城市化过程中的水文过程进行模拟越来越受到研究者的重视。Lhomme 等（2004）建立了基于 GIS 的城市地表产汇流模型。Vieux 和 Bedient（2004）用数值方法分析了人口稠密的城市化地区洪水预报的不确定性。Valeo 和 Ho（2004）分析了目前融雪模型的一些问题，建立了以野外实验得到的城市融雪参数为基础的融雪模型，解决了城市地区的融雪问题。Berthier 等（2004）用二维数值模型来确定土壤在城市集水区径流形成中的作用，发现土壤出流的贡献可以占到径流总量的 14%。城市水文过程模拟模型基本上可以分为以下几类：①概念性水文模型；②物理性水文模型；③水动力模型。其中，水文模型将城市水循环系统看做一个“黑箱”或者“灰箱“系统，借助输入–输出响应关系或者具有一定物理机理关系方程来描述系统的水文过程和水循环行为。此类模型结构简单，对输入数据和参数的要求不高，便于普及应用，缺点在于模拟精度受到一定的限制，模拟过程的时空尺度不宜太小。水动力学模型对城市水文过程进行了显式刻画，利用地表水动力学方程、管道流体运动方程等对城市水循环过程进行模拟计算，大大地提高了模拟精度，并且可以将显著降低模拟的时间尺度。但是由于建模过程需要大量复杂的输入数据和参数，限制了模型的广泛应用。

当前，城市水文和水动力模型层出不穷，但每一种模型都具有其独特的适用范围。这些模型在特定区域和特定工况条件下取得了较好的研究成果。总结来看，SWMM 模型、InfoWorks 模型和 MIKE 模型是应用成功的典型。

SWMM 模型的全称是城市暴雨雨水管理模型（storm water management model)，是由美国环保局于 20 世纪 70 年代初开发的。该模型可以模拟城市区域次降水径流过程，包括城市地面暴雨径流的过程响应以及城市排水系统的水力运动过程等。模型问世以来，被广泛地应用于世界各地的城市规划和管理当中，在城市暴雨径流预报模拟、污水排放的环境效应分析，以及城市雨水污水排水设计等领域均有应用。我国学者针对 SWMM 模型开展了广泛的应用研究，刘俊等（2001）利用 SWMM 模型对天津市主城区外环河以内的主要河道进行了建模计算，得到了研究区重要河道断面的流量过程。陈鑫等（2009）对郑州市主城区的暴雨径流过程进行了模拟，并对研究区设计排涝标准和排水重现期进行了分析。

InfoWorks 模型由英国 Wallingford 集团负责研发。该模型的最大特点是可以仿真模拟城市水循环过程，对城市管网的水流过程模拟能力比较强大。我国学者近些年来也积极引进该模型。姚宇（2007）建立了城市工业园区排水网络模拟模型、仿真模拟城市排水管网的运行性能。张伟（2012）分析了城市排水管网的水力特性，并模拟管网水流的沉积规律，为城市管网防淤塞管理提供有力工具。

MIKE 模型是丹麦水资源及水环境研究所（DHI）的产品。DHI 是非政府的国际化组织，基金会组织结构形式，主要致力于水资源及水环境方面的研究，拥有世界上最完善的软件、领先的技术。MIKE 模型家族当中有一款专为城市水系统量身定做的模拟工具——MIKEURBAN 模型，其前身为 MIKEMOUSE 模型。MIKEURBAN 是模拟城市排水、污水系统的水文、水力学和水质等集成工程软件，它集成了城市下水系统中的地表流、明渠流、管道流、水质以及泥沙传输等计算模型，具有强大的城市水循环及伴生过程模拟能力。文献检索显示，MIKE 系列模型目前在国内已有广泛的应用，但是 MIKEURBAN 模型的应用还不是很多。随着我国城市化的迅速推进，基于城市水循环调控与城市水生态系统保护修复的需要，MIKEURBAN 模型会有更广阔的应用前景和提升空间。

8.1.5 城市水文研究的发展趋势

城市水文研究是通过分析城市化对于降水、城市下垫面产汇流规律、城市暴雨洪水，以及供需水、水资源保障、水环境、水生态等方面的影响机制，来实现对城市气候成因分析、洪水预测计算、污染事件防控、景观生态系统建设、雨洪资源化利用等目的。

通过以上国内外文献检索可以发现，城市水文学兴起于 20 世纪 80 年代，主要开展城市化的水文效应、城市水文机理与模拟等方面的研究。目前学术界对城市热岛效应的研究结论基本一致，对产生“热岛效应”的机理认识也比较清楚。研究手段已从数据对比法（包括城/郊观测数据对比、城区长系列历史数据对比）上升到模型模拟和实验室模拟阶段，建立了一系列能够反演城市“热岛效应”的统计模型、能量平衡模型、数值模型、解析模型和物理模型。目前对城市夏季“雨岛效应”的研究结论基本一致，对“雨岛效应”的产生机理认识也比较统一；但对城市干/湿岛效应的研究结论在不同地区并不一致，这与城市水循环的复杂性、城市所在区域气候背景的差异性，以及水分相变过程与能量平衡（显热/潜热转化）过程的高度契合性密切相关。城市干/湿岛效应与城市蒸散发密切相关，欲从机理上阐释干/湿岛形成的原因，必先弄清城市蒸散发的机制及其各项水分来源。

城市水文机理与模拟方面，“自然侧”的降水–产汇流研究比较系统，已建立了包括城市屋面、硬化地面、城市绿地等复杂城市下垫面的降水–蒸发–径流定量模拟模型。“社会侧”的用水规律和需求预测研究也比较多，剖析了收入水平、节水意识、生活习惯等因素对城市用水量的影响，建立了考虑气候、经济发展水平等因素的城市生活用水指标计算模型。对城市人工取用水的耗水机理研究较少，在城市综合耗水强度“是高还是低”的定性认识上还存在激烈争论。目前对工业、生活及城市景观生态用水消耗的定量计算做了一些探索，定量方法主要是经验性的耗水系数法，尚没有建立具有物理机制的城市用水蒸发耗散模型。

从城市化的发展趋势、水资源消耗的空间分布，以及城市化对水分收支影响等关键科学问题来看，城市综合耗水的内在机理研究将是现代城市水文学研究的前沿和热点，该方面研究获得的城市蒸发耗水的定量计算成果，可以建立水分相变过程（蒸发）的能量吸收（潜热）与气温（显热）的关系模型，从而架起城市蒸发耗水与能量收支之间的桥梁，为解释不同地区、不同季节、不同湿度条件下城市热岛效应的强弱奠定科学基础。理论上，蒸发耗散强度大（相对于郊区）的城市，其热岛效应弱，反之则强，因为蒸发吸收显热，对温度升高具有抑制作用。在应用方面，随着城市内涝问题的日益凸显，城市建成区短历时暴雨洪水的精细模拟预测、城市水文极值事件的定量描述、“海绵型”社区建设（低影响社区）模式及其水文响应规律等也是城市水文研究的重要方向。

城市水文学理论的发展过程中，在研究方法和研究结果方面还存在很多问题需要解决，目前国内在机理和模型上的研究还要朝以下几个方面努力：

首先，要重视水文效应机理研究。之前诸多研究结果表明：城市水文效应存在明显的区域性，不同地区存在不同的水文现象。把握城市水文效应的规律性并开发定量模拟模型是今后工作的重点，如城市暴雨产流过程的时空精细化模拟，重点要探究城市“雨岛效应”“干/湿岛效应”对城市局部气候的定量化影响，提高降水预报精度和预见期。其次，要发展多学科交叉及应用研究。做好城市水文学研究必须涉及多个领域、学科的交叉合作，城市水文研究不仅与大气科学密切相关，还与环境科学、生态学及社会科学、城市规划等学科领域相互关联，只有协调好各学科间相互关系，领域之间互相合作，才能更好地认识和理解城市水文效应机制。最后，要把握好气候变化对城市水文过程的影响。全球变暖已经成为科学界不争的事实，诸多学者认为全球变暖现象对于城市水文过程及水生态系统存在一定的影响，相对于其他系统而言，城市系统对于气候变化的影响更加脆弱，因此分析气候变化对城市水文过程的影响十分必要。

8.2 城市区域水文过程建模思路

流域水文模型的研究由来已久，最初的水文模型侧重于对流域出口的径流预报，将研究区域抽象成一个黑箱子，用各种数学模型表达式近似模拟流域出口断面的流量过程，缺乏一定的物理依据。1969 年 Freeze 和 Harlan 发表了《一个具有物理基础数值模拟的水文响应模型蓝图》的文章，提出了分布式水文物理模型的概念和框架，20 世纪 80 年代以后，随着计算机技术、地理信息系统和遥感技术的发展，考虑水文变量空间变异性的分布式流域水文模型的研究受到重视，世界各地的水文学家开发了许多分布式或半分布式流域水文模型，如现在国际上广泛应用的水文模型 SWAT 就是一个成功的例子。严格来说，现有的分布式水文模型都是半分布式的。首先，模型将研究的流域或者区域按照一定的规则进行划分，通过这样的手段，将研究的大区域在一定程度上进行了降尺度处理，划分的每一个子流域采用了不同的参数组来刻画，因此和以往的点模型相比，大大提高了模型计算的精度。但是，这种降尺度处理方法一般只具有相对的概念，也就是说对于大区域自然流域来说，这样的降尺度处理完全可以刻画流域内部的下垫面的异质性，进而对不同的下垫面条件利用不同的水文响应机制进行模拟，从而大大提高了模型计算的准确性。

当我们把分布式水文模型移植在城市区域进行水文过程模拟时，会遇到重重困难，概括起来包括以下三个方面。

1）城市区域高楼林立，下垫面变化剧烈，在进行区域的分布式划分时需要足够高的空间分辨率才能描述城市区域复杂的下垫面变化情况，这一点和传统的分布式水文模型有着很大差别，即需要寻求适合城市区域下垫面高度变异状况下的解译方法。

2）和自然流域相比，城市区域用水过程更为复杂。一方面，是作为自然水循环的部分，我们称之为城市生态水文过程，即城市区域的草地、林地、河道、湖泊，以及不同下垫面在自然降水的驱动下形成的降水–产流–蒸发–下渗–

汇流等自然水循环过程；另一方面，城市区域人类活动异常频繁复杂。城市区域涉及的行业众多，工业、居民生活和第三产业等形成了庞大的人工水循环系统，这一系统的水循环路径及基本规律和自然水循环路径有很大差别，因此，在城市水循环模拟模型的构建当中需要对人工水循环规律进行重新刻画，提供解决人工水循环模拟计算的方法。

3）城市区域的高度硬化，人类活动加剧，使得城市小气候较区域来说也发生了大的改变。以往在分布式模型中使用的气象数据都来自于在研究区域布设的气象站点来获取需要的气象数据。然而，对于城市区来说，由于面积较小，一般没有专门的气象站点可供利用；同时由于高楼大厦的阻挡，气象要素的空间分布也极为不均匀。例如，由于高层建筑的阻挡，城市区风速的时空分异性十分明显，普通气象站记录的气象要素数据往往不能反映城市区域真实的气象条件。因此，在对城市区域的水文循环进行模拟时，在外部的驱动数据质量上也应该进行相应的提升和改进。

城市区域的水文过程模拟需要重点解决三大问题：一是解决城市复杂下垫面条件的解译问题，不仅要分析研究区域的不同地物类型，同时还需要分析不同地物类型下的人类活动规律，即对不同的建筑物需要细分到不同的产业结构，进而来模拟刻画社会经济水循环过程；二是在对复杂的下垫面识别完成之后要对其进行编码，不同编码的下垫面类型需要构建不同的水文响应过程，如下垫面是居民区类型的，就需要按照居民的日常生活用水习惯来计算居民区用水负荷的过程及变化规律；三是城市区域的管网汇流问题。城市区域的管网汇流是一个很重要的问题。由于城市区域硬化率很高，产流系数很大，很容易造成城市内涝问题。城市内部的防洪排涝任务大多数由城市管网承担，因此城市管网的汇流问题显得格外重要。

1）城市区域下垫面的识别和编码。由于城市区域下垫面条件变异巨大，在对城市区域下垫面进行识别时可以利用目前国际上分辨率较高的快鸟影像（Quickbird）作为下垫面解译的基本依据，利用现场调查、目视解译、社会经济统计等多途径多源数据的结合，绘制出表征研究区域不同类型下垫面的编码文件，如图 8-1 所示。

编码文件产生之后，将作为模型模拟过程中不同水文过程的参考依据。根

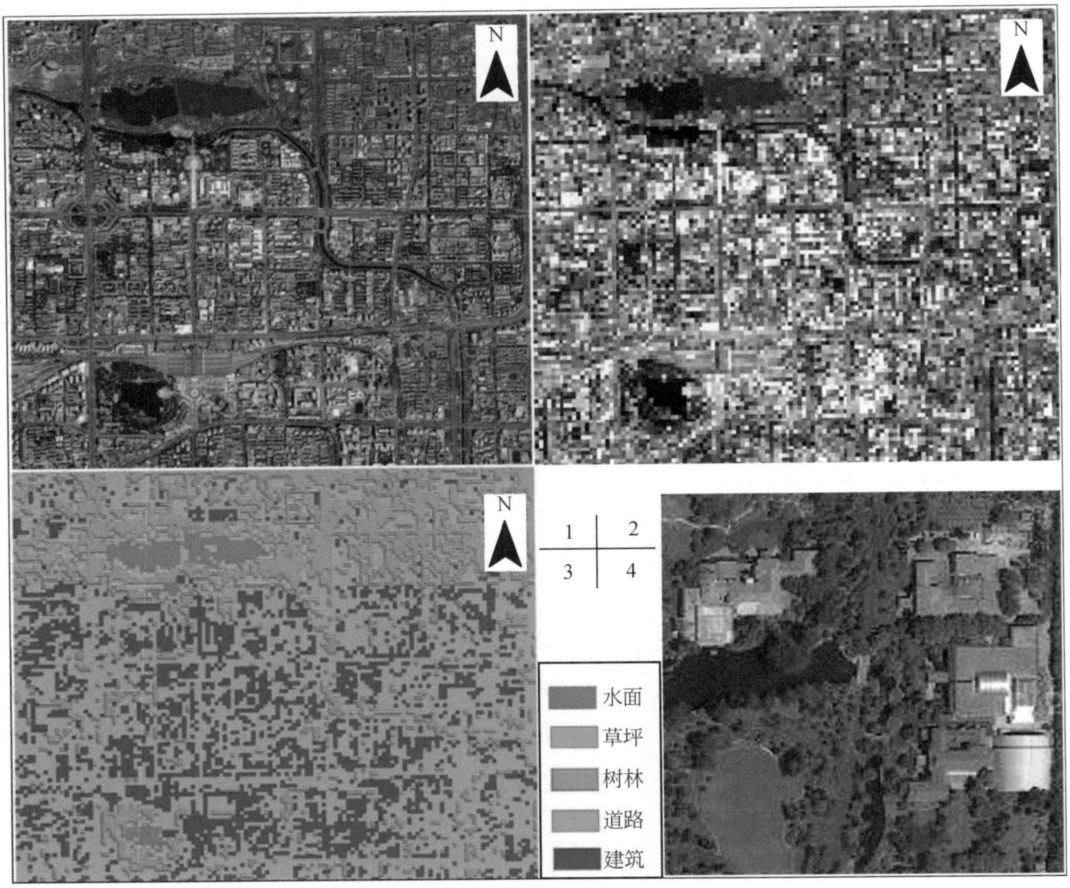

图 8-1　遥感影像及解译示意图

据不同位置的不同编码有模型自动检测出编码含义，然后调用响应编码含义下的水文过程模拟数据，就可以完成不同位置的水文过程计算。这个环节和传统分布式水文模型的水文响应单元意义类似，不同之处在于编码文件表示的水文过程基本模拟单元要比分布式水文模型中的水文响应单元（HRU）尺度要小得多，基本控制在 10 m 的尺度上。

2）城市区域的水文过程基本上可以分为两大类：第一类是城市生态水文循环过程，该过程和天然流域的水文过程很类似，主要涉及城市区域透水地面上的降水—截留—蒸发—下渗—产汇流等环节，对于非透水地面，可以通过 SCS 曲线等方法计算其降水产流；第二类是社会经济水循环。城市区人类活动强度不容忽视，在生产生活当中需要耗用大量的水资源，因此这部分水循环的模拟是城市水循环建模的重点。社会经济水循环和自然水循环不同，它的循环路径、驱动力、循环环节都和自然水循环有很大的差别，因此，合理构建社会经济取用水水循环至关重要。

3）城市区域管网汇流计算是预防城市内涝，增强城市抗雨洪风险的必要措施。由于城市管网埋藏在地下，因此可以认为城市管网汇流可单独成为一个系统，与地表水循环过程进行耦合构建完整的城市区域水循环过程。基于以上考虑，地表水循环模拟结果可以作为地下水管网的输入数据，地下水管网的汇流可以作为单独过程进行演算。本研究并不过多涉及城市地下管网部分的计算机理，主要完成地表水循环的模拟计算，地表水模拟计算完成后，可利用现有城市管网计算模型与其耦合。

城市区域水文过程建模可参考以下步骤进行，见图 8-2。

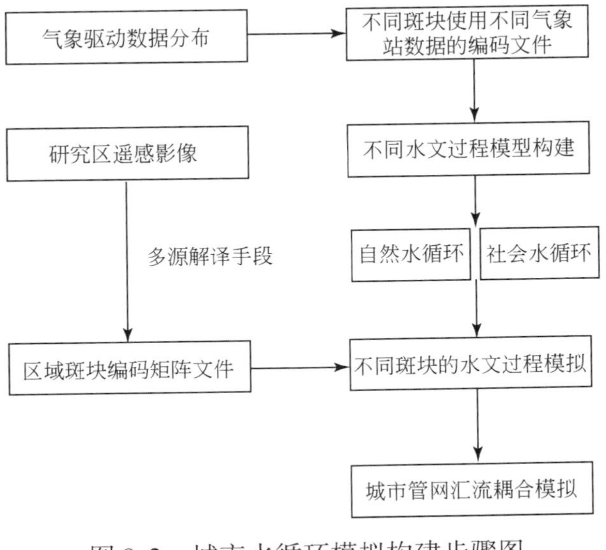

图 8-2　城市水循环模拟构建步骤图

如图 8-2 所示，城市水循环模拟的关键技术环节在三个方面：①对城市区域下垫面的解译。遥感数据一般只包含观测对象的光谱学信息，因此通过遥感解译，可以对下垫面的自然地物进行一定精度的解译。例如，城市绿地、城市水体、城市道路和城市建筑物，因为他们在不同波段的光谱上都具有不同的反射特征，因此可以借助遥感手段对其进行相对精确地解译。然而，城市水循环过程模拟当中，这些借助遥感地物的识别信息只能提供支撑对自然水循环即城市生态水循环过程的模拟。对城市社会水循环过程来说，由于遥感技术不能区分城市的不同产业布局、城市人口分布等特征，因此不能很好地模拟城市区域社会经济水循环过程。基于此，将多源遥感影像集合，并配合统计数据，实际调查数据，解析出区域不同用水斑块的编码文件，是城市水循环模拟与建模的重要前提，也是一大难题。②随着流域水文模型的发展，对自然水循环的过程机理及数学描述已经比较完善了。自然水循环的驱动力是太阳能和地球重力，关键过程如蒸发、降水、下渗、汇流等已经具有很高的精度，这些现有的模拟技术可以成功地移用在城市水循环的模拟当中。然而，社会经济水循环涉及人类的行为活动，涉及市场和经济的运动，其用水过程和用水机理在目前的研究还是个空白。因此，如何刻画和构建描述城市社会经济水循环过程的方法是本书的另一大重要难题。③现有城市管网水动力模型众多，为了构建城市区域完成的水循环路径，需要借鉴合适的管网模型完成城市区域管网汇流计算。城市管网汇流计算的成功关键在于有详细的城市管网图，有具体翔实的分布式参数，这是建模的又一个难点。

基于以上分析，城市水循环模拟模型的构建主要需要完成三个方面的任务。其中，前两方面是本书研究的重点，主要是对研究区域下垫面的多源信息整合与识别技术，识别解译完成之后构建不同下垫面条件下的水文过程模拟，从而完成地表以上的城市区域自然水循环和社会经济水循环的过程模拟。至于城市区域地下水过程，由于城市区域地面硬化率较高，和土壤水和地下水的交换可以忽略，地表以下的水循环过程主要关注管网中的汇流过程。

8.3 URMOD 城市水文模型的结构和原理

8.3.1 模型介绍及其结构

URMOD（simulating model for urban water cycle）模型是由中国水利水电科学研究院水资源所开发的针对人类活动下城市中心区域的半分布式水文模型。

URMOD 模型和传统分布式水文模型主要的不同点在于：模拟空间尺度缩小，以城市区高分辨率遥感影像为依据，对城市下垫面进行划分和识别，可以达到10m 级的斑块识别分辨率，可以充分刻画城市区域下垫面高度变异的特点，大幅度提高了模拟精度；针对城市区域不同水文响应斑块的特点，重新构建了各斑块的水文过程模型，模拟机理更接近城市区水文循环的真实状况；引入城市管网汇流单位线的概念，避开了管道水力学计算难题，将城市管网汇流过程进行简化，构建了完整的城市区域产汇流过程。

URMOD 模型以日为计算步长，模型首先根据模拟区域的水文站分布情况结合遥感影像将整个研究区划分为若干个子区域，然后对子区域的下垫面条件进行解译，针对不同的下垫面斑块调用相应的水文计算模块进行计算，完成蒸散发、下渗、产流等水文过程模拟之后，调用汇流模块，将几个子区域作为整体进行汇流演算。模型的工作原理见图 8-3。

根据图 8-3 的描述，可以将 URMOD 模型在结构上分为四个模块。模块 1 为下垫面解译模块，主要功能是结合研究区域的高分辨率遥感图将区域划分为模拟的几个子区域，每个子区域都将得到一个表征区域内斑块分布状况的编码文件；模块 2 为计算模块，主要功能是根据输入的区域气象数据结合每个斑块的下垫面条件，逐日计算每个斑块上的水循环分量的变化过程；模块 3 为结果模块，结合模块 1 得到的编码文件和模块 2 得到的每个斑块的计算结果，对每个子区域一定时间尺度上的水循环分量进行加权统计，得到全区域上的水文循环分量计算结果；模块 4 为汇流模块，针对模块 3 计算得到的全区域净产流，利用单位线原理对全区域径流出口的流量过程进行演算，得到出口断面的径流过程线。

8.3.2 模型主要水文过程演算

城市区域的草地和林地是典型的透水区域。URMOD 模型将城市草地和林地区域概化为三层结构，见图 8-4。

在垂向上，自上而下的第一层为冠层截留层，冠层截留层水量平衡方程如式 8-1 所示：

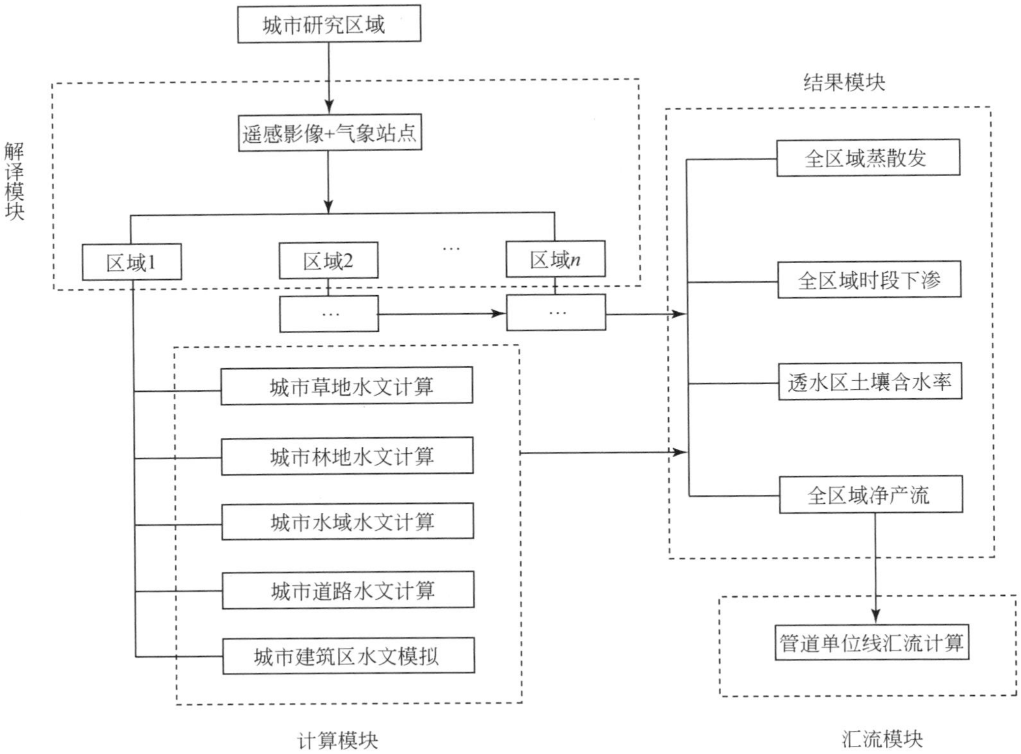

图 8-3　URMOD 模型内部结构

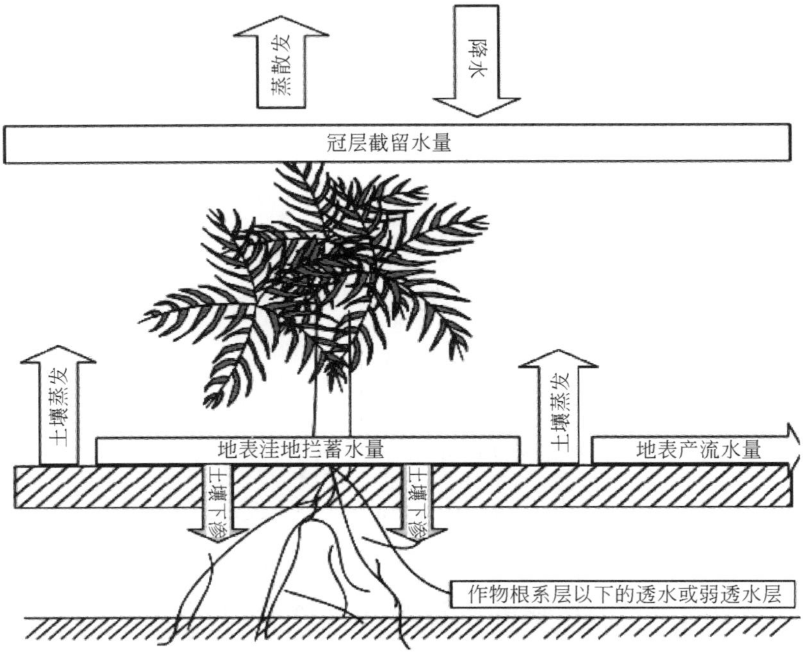

图 8-4　URMOD 模型对城市草地和林地的概化

$$\mathrm{TMC}_i = \mathrm{TMC}_0 + \mathrm{P}_i + \mathrm{IRRI}_i - \mathrm{TEDC}_i - \mathrm{TOV}_i \tag{8-1}$$

式中，TMC_0，TMC_i分别为初始时刻（0 时刻）和 i 时刻林地冠层截留量（mm），i 的单位为天，其值一般取 1，表示时间步长为 1 天；P_i 为 $0\sim i$ 时段降水量，一般取 24 小时日降水量的（mm）；IRRI_i为 $0\sim i$ 时段灌溉量（mm）；TEDC_i 为 $0\sim i$ 时段冠层实际蒸散发量（mm）；TOV_i为从 $0\sim i$ 时段冠层溢流量（mm），同时又引进参数，冠层最大截留量 CMAX，用以表征植被冠层对降水及灌溉水的截留能力（mm）。

垂向的第二层为地表填洼层，该层水量平衡方程如式 8-2 所示：

$$\mathrm{FDS}_i = \mathrm{FDS}_0 + \mathrm{TOV}_i - \mathrm{TEDS}_i - F_i - \mathrm{TRF}_i \tag{8-2}$$

式中，FDS_0和FDS_i分别为在初始时刻（0 时刻）和 i 时刻的地表填洼水深（mm）；TOV_i意义同前；TEDS_i为$0\sim i$ 时段地表实际蒸散发量（mm）；TRF_i为$0\sim i$ 时段地表产生的径流（mm）；F_i为 $0\sim i$ 时段地表面下渗量（mm），F_i采用式(8-3)进行计算（徐宗学，2009）。

$$F_i = \mathrm{FC} + (\mathrm{FO} - \mathrm{FC}) \cdot e^{-K\cdot \mathrm{TMS}} \tag{8-3}$$

式中，FC 为土壤层蓄满时的每日稳定下渗率（mm）；FO 为土壤层空蓄时的每日下渗率（mm）；K 为土壤下渗能力随蓄水量变化衰减系数，无量纲；TMS 为土壤实际蓄水深度当量（mm），土壤蓄水深度当量是根据所研究土壤层的厚度、土壤孔隙度和土壤含水量而换算得到的土壤层蓄水深度，目的是为了和方程中其他项的量纲统一。

垂向的第三层为土壤剖面层，该层水量平衡方程如式（8-4）所示：

$$\mathrm{TMS}_i = \mathrm{TMS}_0 + F_i - \mathrm{TES}_i - \mathrm{DF}_i + \mathrm{UE}_i \tag{8-4}$$

式中，TMS_0和 TMS_i分别为在初始时刻（0 时刻）和 i 时刻的土壤层蓄水当量（mm）；F_i的意义参考式（8-1）、式（8-2）；TES_i为$0\sim i$ 时段土壤蒸散发量（mm）；DF_i为$0\sim i$ 时段土壤深层渗漏量（mm）；UE_i为土壤剖面的潜水补给量（mm）。

城市区的道路和建筑物是典型的弱透水或不透水区域。在 URMOD 模型里引入了 SCS 模型中提出的 CN（curve number）参数，该参数是反映流域下垫面特性的综合参数，同时也引入下垫面洼蓄能力参数（刘贤赵等，2005；房孝铎等，2007）。模型中将城市区域的不透水区具体分为四类，并为每类下垫面指定相应的 CN 参数和最大洼蓄深度参数，见表 8-1。

表 8-1　城市硬地面的分类及相应参数的设置

硬地面类型	建筑用地	商业区	工业区	道路
CN 参数	74	89	81	98
最大洼蓄能力/mm	23.0	16.0	12.0	5.0

对于硬地面的水文过程来说，模型将其简化为仅在硬地面表面的水平衡过程，具体可由式（8-5）表征。

$$\mathrm{HS}_i = \mathrm{HS}_0 + P_i + \mathrm{HE}_i - \mathrm{HRF}_i - \mathrm{HIF}_i \tag{8-5}$$

式中，HS_0和HS_i分别为硬地面在 0 时刻和 i 时刻的地表洼蓄量（mm）；P_i 为 0 ~ i 时段硬地面的降水量；HE_i为在 0 ~ i 时段硬地面的蒸发（mm）；HRF_i为在 0 ~ i 时段硬地面的产流（mm）；HIF_i为 0 ~ i 时段硬地面的下渗量（mm）。根据统计经验，日时段的HIF_i可由式（8-6）进行估算：

$$\mathrm{HIF}_i = 505\,000 \cdot \exp(-0.15 \cdot \mathrm{CN}) \tag{8-6}$$

URMOD 模型对城市区域硬地面采用经典的超渗产流方法进行求解，降水首先满足初损，然后计算时段的蒸散发和下渗，最后通过对比末时刻地表洼蓄量和最大洼蓄能力之间的大小关系（包为民，2009），来确定式（8-5）中的各分项的值。

除此以外，由于城市水域的水文分项较少，同时考虑到水域与城市管网之间几乎没有水量交换，城市区汇流计算受水域的影响不大，因此对城市水域斑块 URMOD 模型只考虑了水面蒸发和稳定下渗两个分量，水域斑块水体的水平运动暂时不予模拟。

8.4　URMOD 模型在北京市的应用案例

8.4.1　模型在研究区的适用性

当前，全球变化加剧，我国城市化步伐不断加快（徐光来等，2010）。城市区由于人为热量的排放、大量高层建筑阻碍了大气正常的热交换，促使城市“热岛效应”加剧，从而显著影响了城市区域蒸散发过程（Dayaratne，2000）。蒸散发是极其重要的水循环要素，是地表水热平衡的重要组成部分。据估计，每年陆面上的降水约有66%通过蒸散发返回大气（黄荣辉，2005）。因此，对一个区域实际蒸散发的研究一直以来都是相关研究极为关注的问题。然而，由于城市区域水文气象条件复杂，下垫面条件变异巨大，很难通过精确的数学手段在面尺度上进行模拟。目前，计算蒸散发有许多方法，如波文比能量平衡法（Brown and Rosenberg，1973）、涡度相关法（Williams et al.，2004）以及Penman-Monteith法（Penman，1948），但是，这些理论方法主要是在点尺度提出的，很难对其进行尺度上推。对于区域尺度来说，遥感技术的应用使得大范围、多时相的蒸散发模拟成为可能（武夏宁等，2006；高黎辉等，2009），蒸散发模型的计算中叶面积指数、植被覆盖度、地表温度等数据可以轻松地由遥感手段获得，并且可以获取在空间上时间上较为连续的数据，为区域尺度上蒸散发模拟提供充分的数据支持。然而，由于区域水热通量的遥感反演还存在很大的不确定性，地表水热过程还涉及植被生理过程、地气能量交换，以及边界层热力学和动力学状况，而这些复杂的过程目前在认识上还存在科学分歧（周剑等，2009）。因此，遥感技术对区域蒸散发的精度还有待提高。

近几年，随着区域分布式水文模型的发展，对区域水循环要素的模拟不光局限于流域出口径流过程的模拟，而是侧重于广义上水文循环要素的模拟，即流域“四水”循环过程的模拟。刘三超等（2007）利用DHSVM分布式水文模型研究了陕西省境内秦岭南坡汉江上游两河口水文站控制的子午河流域的蒸散发，初步验证了分布式水文模型对蒸散发模拟的可行性；蔡锡填等（2009）利用SWAT2000对漳卫南运河流域主要农业耕作区的实际蒸散发进行了分布式模拟，并利用遥感反演数据进行了对比验证，二者之间具有很好的吻合度；张俊娥等（2011）利用MODCYCLE基于“二元”水循环概念的分布式模型对天津市区域的“四水”转化规律进行了模拟，模拟区域ET和遥感ET结果相关性较好。然而，这些研究都是在流域尺度或是侧重于农田的蒸散发模拟，而城市区域的蒸散发过程又具有很大的独特性。

本书针对城市下垫面高度变异的特点和管道汇流方式，开发了对城市生态水文过程进行计算的分布式水文模型，针对北京市四环路以内区域的实际蒸散发规律进行试验性研究，并借助遥感反演数据验证模型的适用性和可靠性，并借助遥感反演数据对模型的适用性和可靠性进行充分的验证。

8.4.2 北京市四环内区域蒸散发模拟与验证

8.4.2.1 区域基本概况

北京市位于华北平原西北边缘，毗邻渤海湾，上靠辽东半岛，下临山东半岛。地理中心坐标为39°26′33″N～41°03′31″N，115°24′59″E～117°29′51″E，属于典型的暖温带半湿润大陆性季风气候，多年平均气温为11～12℃，多年平均降水量为595mm，多年平均水面蒸发量为1120mm，多年平均陆面蒸发量为450～500mm。本书选取了北京市四环路以内的城市中心区作为研究对象，该区域面积约300km^2，地面硬化率超过了60%，几乎包括了北京市东城区和西城区的全部面积，同时也包括了海淀区、朝阳区和丰台区的一部分，按面积加权估计，研究区域人口达到了347万，占北京市总人口的17.7%，人口密度达到了1.16万/km^2，因此，受到高强度人类活动和硬化下垫面的影响，区域水文特性和自然流域相比将发生很大变化，研究区域地理位置见图8-5。

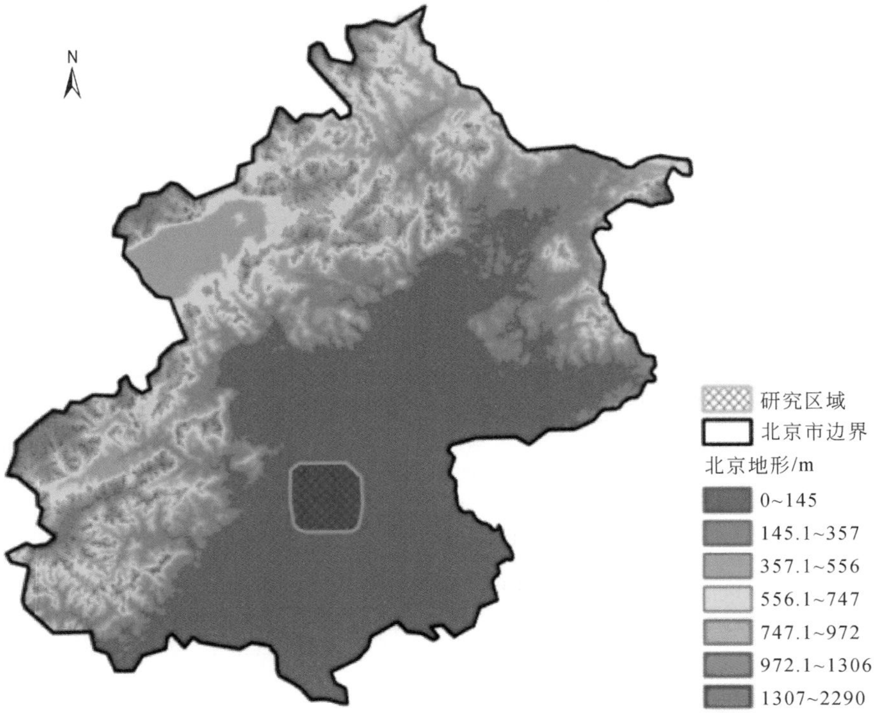

图 8-5 模型研究区域分布示意图

8.4.2.2 数据与参数

北京市地区 2002 ~ 2005 年气象数据和 Quickbird 高分辨率遥感影像作为主要模型输入数据；模型主要参数包括不同下垫面的土壤参数、植被生长参数、模拟初始状态参数等。由于已掌握的遥感蒸散发资料系列较短，只有 2002 ~ 2004 年资料系列，因此本书使用 2002 年和 2003 年数据进行参数率定，使用 2004 年的数据进行模型验证。具体来说，首先对模型涉及的参数根据其物理意义进行概化，然后根据率定结果进行微调，最终确定的参数取值参见表 8-2。

表 8-2 主要模型输入数据及相关参数表

项目	参数	取值	备注
气象数据	日最高、最低气温；降水量；风速；日照时数	2002 ~ 2005 年数据	来源：中国气象局
遥感数据	Quickbird 遥感影像	西南角:39.831°N,116.274°E 东北角:39.988°N,116.490°E	来源：www.softonpc.com
土壤参数	概化土壤层厚度	2.0m	土壤参数主要涉及城市草地及林地下垫面
	土壤孔隙度	0.30	
	土壤初始蓄水当量	100mm	
	深层渗漏率	3mm/d	
	土壤潜水蒸发率	2mm/d	
	土壤满蓄时下渗率	3.5mm/d	
	土壤空蓄时下渗率	60mm/d	
	土壤田持蓄水当量	162mm	
	土壤凋萎点蓄水当量	80mm	
植被生长参数	草地冠层最大截留	3.5mm、5.8mm、4mm	分三个生长阶段取值
	林地可能最大截留	10mm	逐日最大截流量根据叶面积指数推算
	林地发芽、落叶日序数	90、315	
其他参数	林地根区衬砌度	0.6	不透水面所占比例
	林地根区最大填洼	8.0mm	
	道路及建筑区参数		参见表 8-1

8.4.2.3 模拟结果分析

URMOD 模型以日为单位进行不同斑块实际蒸散发模拟，本书从 2002 年 1 月 1 日到 2004 年 12 月 31 日共进行了 1827 天模拟。城市透水斑块划分为 3 类，分别是草地、林地和水面；弱透水或不透水斑块划分为 4 类，分别为城市建筑区、城市商业区、城市工业区和城市道路。如图 8-6 ~ 图 8-12 所示，分别为 7 种不同斑块模拟计算得到的实际蒸散发过程。

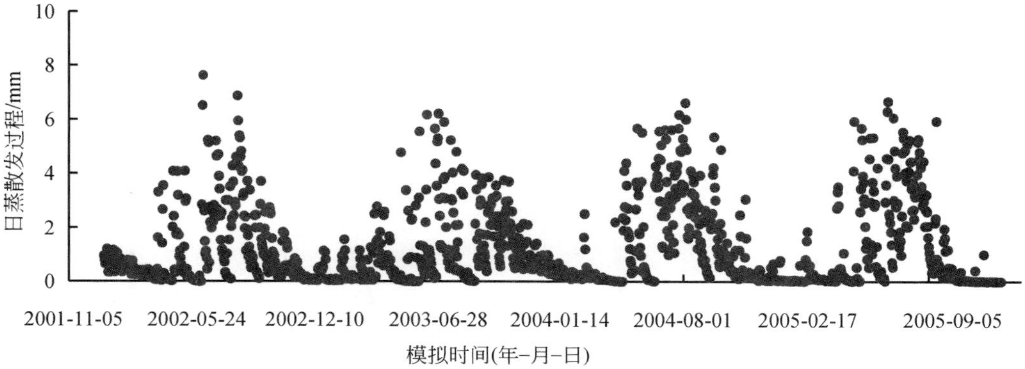

图 8-6　北京市草地斑块实际蒸散发过程

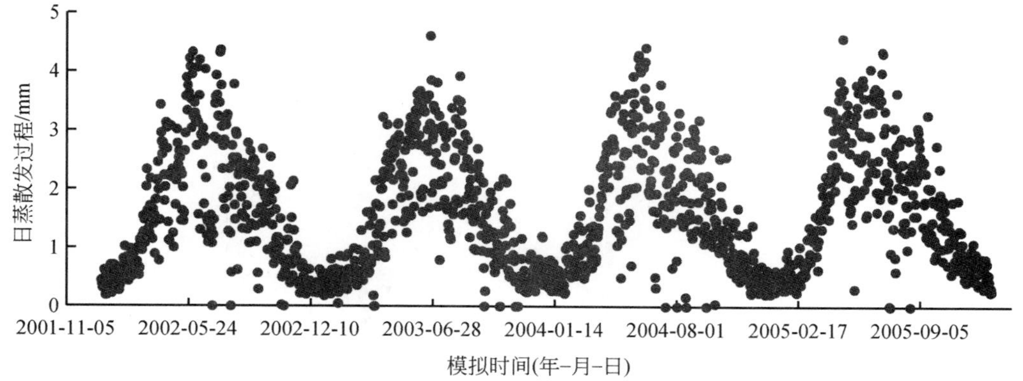

图 8-7　北京市林地斑块实际蒸散发过程

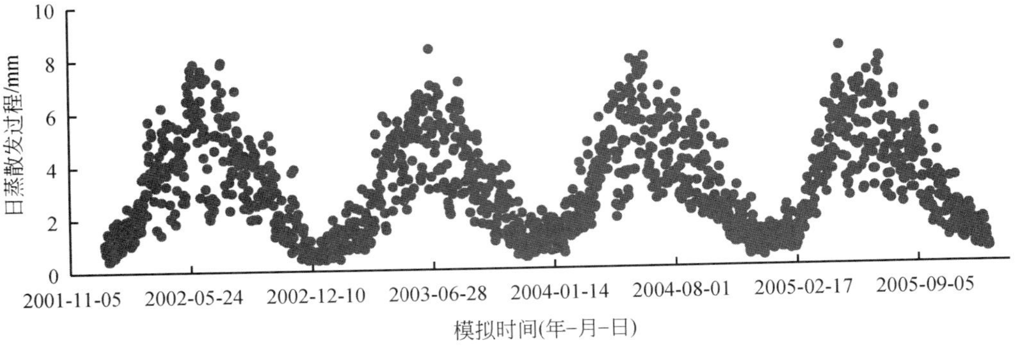

图 8-8　北京市水面斑块实际蒸散发过程

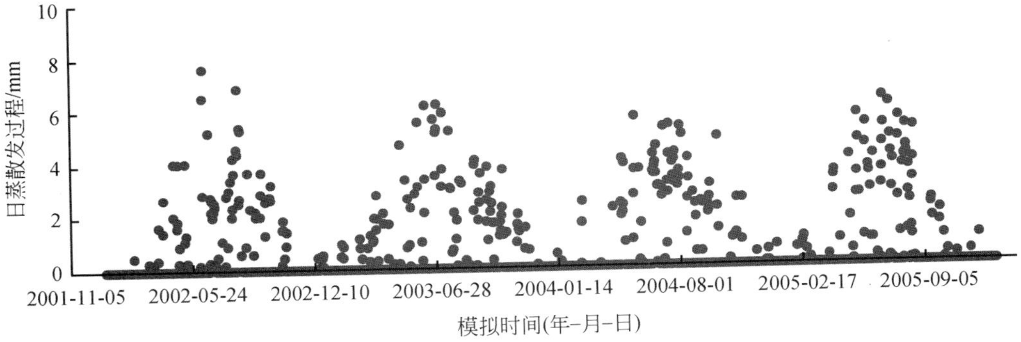

图 8-9　北京市建筑区斑块实际蒸散发过程

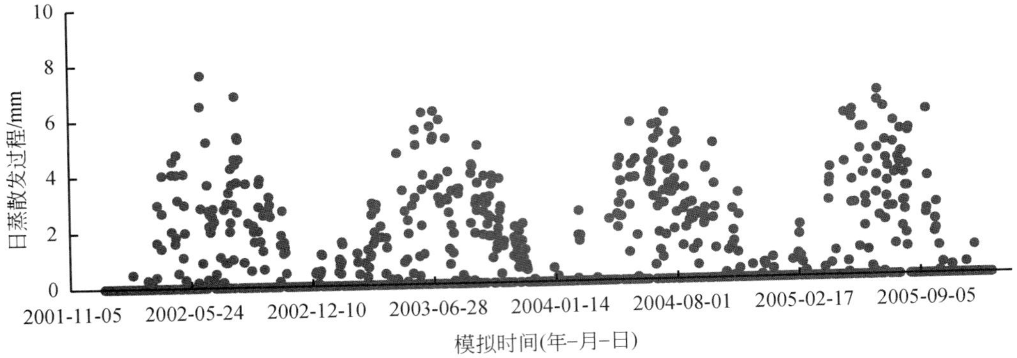

图 8-10　北京市商业区斑块实际蒸散发过程

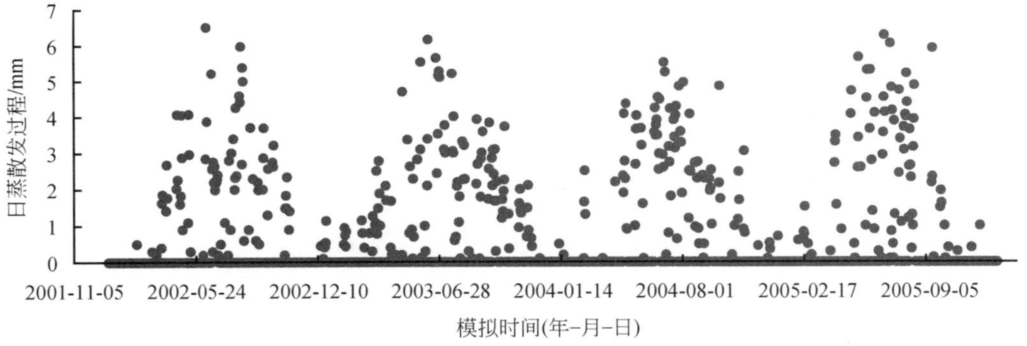

图 8-11　北京市工业区斑块实际蒸散发过程

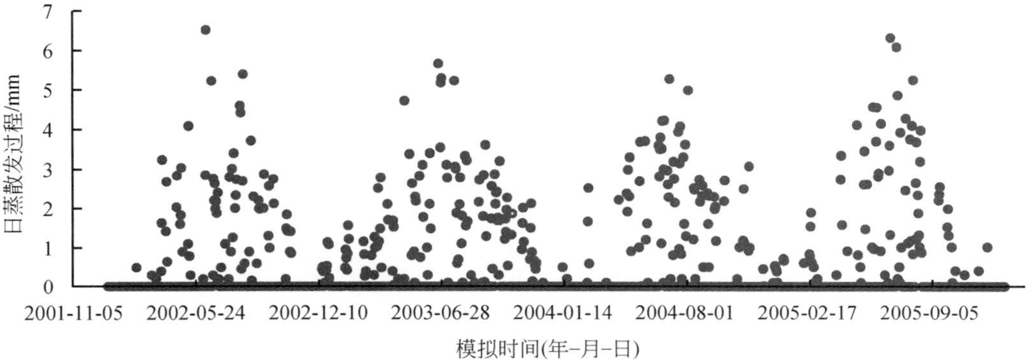

图 8-12　北京市道路斑块实际蒸散发过程

从图 8-6 ~ 图 8-12 可以直观地看出，区域草地、林地和水域的实际蒸散发过程线很类似，在四年的模拟期内，蒸散发具有明显的周期性，峰值和谷值交替出现，这种规律和年内区域潜在蒸散发能力的变化趋势具有显著相关性，从一定程度上可以说明，对于城市透水区域来说，实际蒸散发和区域蒸散发能力变化趋势显著相关；而对于建筑区、商业区、工业区和道路不透水下垫面而言，实际蒸散发过程线的随机波动更为剧烈，不存在和区域蒸散发能力明显的相关性，说明城市区域不透水下垫面的蒸散发过程受到除蒸散能力之外其他要素的影响更为明显，如下垫面水分供应水平等因素。

根据掌握的研究区遥感反演蒸散发数据，在月尺度上对模拟的结果进行对比验证，遥感数据对研究区域的草地斑块和林地斑块进行了解析，而对弱透水及不透水下垫面没有像 URMOD 模型中这样进行进一步划分。在验证过程中，本书根据遥感图像解析数据，根据道路和建筑区的面积比例进行加权计算，得到研究区域总的不透水面及弱透水面的等效实际蒸散发数据系列，将该系列与遥感数据进行对比。模拟和遥感的蒸散发过程见图 8-13 ~ 图 8-15。

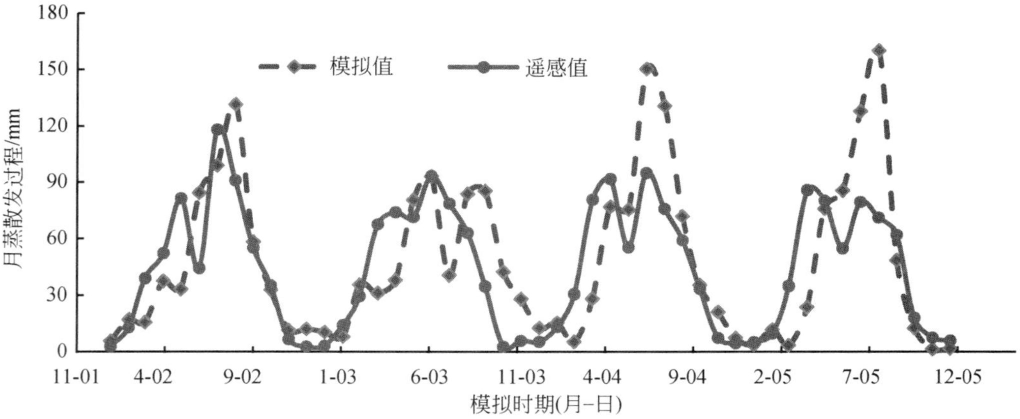

图 8-13　研究区草地斑块模拟值和遥感值对比

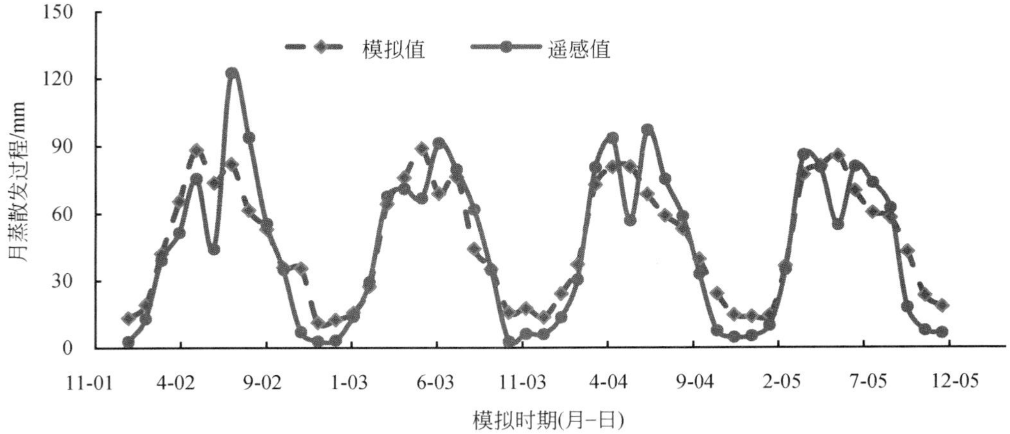

图 8-14　研究区林地斑块模拟值和遥感值对比

为了定量评价模型模拟值和遥感结果的吻合度，引进序列误差和相关系数两个指标进行分析，结果见表 8-3。

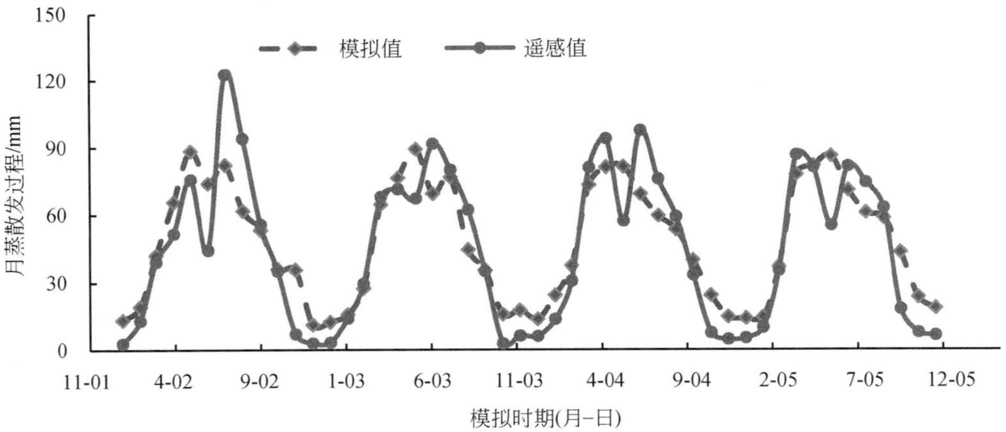

图 8-15　研究区不透水斑块模拟值和遥感值对比

表 8-3　月过程模拟值和遥感值验证评价

斑块	模拟月均值/mm	遥感月均值/mm	相对误差/%	相关系数
草地	48. 2	44. 9	7. 32	0. 72
林地	47. 6	45. 0	5. 78	0. 89
不透水面	25. 8	25. 1	2. 59	0. 71

一般情况下，相对误差在 10% 以内，相关系数高于 0. 6 可以认为用于对比的两个数据系列具有较强的相关性和吻合度。根据表 8-3 的计算结果，草地、林地和不透水面斑块在模拟期内相对误差分别为 7. 32%、5. 78% 和 2. 59%，模拟序列和遥感系列的相关系数分别为 0. 72、0. 89 和 0. 71，均满足上述要求，说明 URMOD 模型对研究区域的计算模拟结果和同时期的遥感反演结果具有明显的相关性，模拟结果能达到预期的精度。值得指出，遥感反演区域蒸散发是基于研究区域水热平衡规律进行的，一般来说，由于在反演计算过程中未考虑人工放热因素和城市地区的“热岛效应”，会造成遥感结果与实际值相比偏小的结果，而表 8-3 列出的模拟月均值和遥感月均值的对比关系也证实了这个现象。

8.5 本章小结

在全球气候变化和城市化进程加快的大背景下，城市水文学迎来了前所未有的发展空间。近 30 年来，城市水文学在机理研究、过程识别、模型模拟等方面基本形成了一套完整的机理、模型和实验观测方法。但是，目前城市水文学还有诸多问题存在争议。本章在总结梳理当前城市水文学研究进展的基础上，详细介绍了由中国水利水电科学研究院初步研发的城市水文模型——URMOD 模型。同时，以北京市为案例，对模型的应用效果进行了评价。研究结果表明，URMOD 模型对研究区域蒸散发过程的模拟结果和同时期的遥感反演结果的吻合度较好，模型的模拟精度是可以接受的。值得指出，由于城市区域具有较大的外来能量输入，其下垫面变异性也较为复杂，这些因素导致模型对城市局部尺度的水文过程模拟的精度还不是很理想。因此，深入研究变化环境下城市区水文的过程机理，提高模型的分辨率是下一步研究的重点。

第9章 结论与展望

20世纪80年代以来，海河流域正处在经济的高速发展期，剧烈的城市化运动造成了不透水面积的迅速扩展，人口的高度密集以及城市管网系统的高度复杂化——这些人类活动不仅形成了城市特有的二元水循环过程，而且对流域天然的水循环过程造成了深度扰动。海河流域城市二元水循环模式研究正是以二元水循环理论为指导，对海河流域城市“供—用（耗）—排—回用”特有的循环机理、过程演变以及概念性数学模式进行的一次梳理、总结和归纳，并在水循环典型环节、城市水循环模式、内涝风险评价、水循环健康评价、城市水文分布式模拟方面进行了案例分析和实证研究。主要结论如下。

（1）海河流域的快速城市化严重扰动了流域水循环

海河流域目前正处于快速城市化的阶段，形成了以京津冀都市圈为核心的城市群。城市化发展造成了取用水通量增加，水体蓄存通量急速下降，从而对整个流域水循环通量产生影响；改变了水循环伴生的水环境过程，造成水体的重度、复合型污染；形成了特有的产汇流过程，增加了城市内涝风险；扰动并形成了城区特有的区域小气候。

（2）构建了海河流域城市水循环模式及概念性通式

从城市水循环过程出发，以用耗水为典型过程，对海河流域城市典型主体水循环驱动机理进行了辨析；进而分析了城市水循环的模式及其特点和构成，剖析总结了发展中城市、发达城市和生态城市这三大发展阶段的水循环系统结构；针对城市水循环的四大过程分别总结其水循环模式，即供水模式、耗用水模式、排水模式和回用模式，并对各循环过程要素、通量、参数等进行了分析和定量表达，为城市二元水循环模型的建立以及定量模拟城市二元水循环的过程与客观规律奠定了基础。

（3）解析了海河流域城市水循环模式的演变规律并进行了典型实证研究

以海河流域近 20 多个大中型城市作为研究对象，在解析大量资料的基础上，得出海河流域城市水循环供给水源趋于多样化、耗用水大幅增加后趋于平缓、污废水排放和处理能力增加的演变规律，并对各典型过程的进一步构成进行了剖析。以此为依据，结合城市经济发展指标，对海河流域城市进行了聚类分析，聚类结果显示，海河流域城市可分为中心都市型、高效工业型、传统工业型和特色产业型四大类型。分别以北京市、天津市、邯郸市、唐山市、承德市为中心都市型、高效工业型、传统工业型和特色产业型这四大类型相应的典型城市，进行不同类型城市水循环模式的特点解析，并针对各自特点提出了城市发展的合理化建议。

（4）海河流域城市水循环典型环节的案例分析

作为典型单元，城市水循环具有其特有的属性且极具人工性，特别是供水和排水环节。鉴于此，针对供水环节，以北京市为例，构建了城市绿地生态系统合理供水评价模型，就北京市绿地生态系统供水的合理性进行了辨析，分析指出了北京市绿地供水不合理的月份；针对排水环节，以天津市为例，就暴雨量、不透水地面、排水管网三方面因素，对区域内涝风险进行了评估，并就天津市城市雨水收集利用方面进行了经验总结。

（5）海河流域典型城区水循环健康评价案例分析

人、水、城市的和谐共处是城市水循环的理论研究和模式研究的最终目标和终极意义。因此，一个城市水循环结构是否合理、过程是否健康是城市水循环研究的重要内容。基于城市水循环基本要素及四大模式研究的相关理论，以天津市为例，采用 KPI 指标，构建了供水、用水、排水和回用四大评价维度，对 2000 ~ 2012 年城市建成区的水循环进行总体健康评价及其趋势分析，指出 2000 ~ 2003 年是天津市城市水循环健康较差的阶段，后期逐渐好转，并指出河流水质是影响天津市水循环综合状况的关键指标。

（6）海河流域典型城区分布式水文模拟及验证

分布式水文模型是研究城市水循环重要工具和最可行、最有效的途径。在梳理城市化水文效应研究、伴生的水环境水生态效应研究以及过程机理研究的基础上，针对区域水循环受到强人类活动的扰动的特性，充分考虑复杂下垫面条件的水文过程异质性问题，构建了 URMOD 半分布式水文模型。以北京市四环以内的建成区为研究区，就典型区域实际蒸散发规律进行试验性研究，并借助遥感反演数据验证了模型的适用性和可靠性。

（7）展望

城市是人类社会扰动自然水循环最剧烈的单元，也是水循环机理最难辨识、水循环过程最难模拟的典型区域。未来城市水循环的研究首先应进一步加强基础实验研究、加强城市“供水—用（耗）水—排水—回用”的数据采集；并对社会侧支水循环主要过程的用耗水规律与主要影响因素进行精细化解析和辨析。其次，基于基础数据采集和规律分析等机理，针对城市水系统管网化特征，开发普适性的分布式城市水循环模型，并不断进行验证、改进和完善。进一步的，在典型城市单元水循环深入研究的基础上，进行城市群中各城市单元之间的水循环耦合研究。再次，在城市面源污染上加强监控和模拟，在典型单元水质水量精细化模拟的基础上，进行城市与城市之间的水污染过程研究分析与模拟。

参考文献

拜存有，高建峰 . 2010. 城市水文学 . 郑州：黄河水利出版社 .

包为民 . 2009. 水文预报（第四版）. 北京：中国水利水电出版社 .

北京市环境保护局 . 2009. 北京市环境状况公报 .

蔡锡填，徐宗学，苏保林，等 . 2009. 区域蒸散发分布式模拟及其遥感验证 . 农业工程学报，25（10）：154-160.

曹琨，葛朝霞，薛梅，等 . 2009. 上海城区雨岛效应及其变化趋势分析 . 水电能源科学，27：31-33.

陈鸿汉，刘俊，高茂生 . 2008. 城市人工水体水文效应与防灾减灾 . 北京：科学出版社 .

陈丽华，王礼先 . 2001. 北京市生态用水分类及森林植被生态用水定额的确定 . 水土保持研究，8（4）：161-164.

陈鑫，邓慧萍，马细霞 . 2009. 基于 SWMM 的城市排涝与排水体系重现期衔接关系研究 . 给水排水，35：114-117.

褚俊英，陈吉宁 . 2009. 中国城市节水与污水再生利用的潜力评估与政策框架 . 北京：科学出版社 .

崔凤军 . 1998. 城市水环境承载力及其实证研究 . 自然资源学报，13：58-62.

崔晓阳，方怀龙 . 2001. 城市绿地土壤及其管理 . 北京：中国林业出版社 .

房孝铎，王晓燕，欧洋 . 2007. 径流曲线数法（SCS 法）在降雨径流量计算中的应用——以密云石匣径流试验小区为例 . 首都师范大学学报（自然科学版），28（1）：89-92.

冯尚友 . 2000. 水资源持续利用与管理导论 . 北京：科学出版社 .

高黎辉，陈宁，朱启林 . 2009. 基于遥感的区域蒸散发研究 . 水利科技与经济，15（2）：412-413，416.

顾丽华，邱新法，曾燕 . 2009. 南京市城市干岛和湿岛效应研究 . 第 26 届中国气象学会年会气候环境变化与人体健康分会场论文集，279-288.

郭怀成，唐剑武 . 1995. 城市水环境与社会经济可持续发展对策研究 . 环境科学学报，15：363-369.

黄爱群 . 2009. 论生态城市的规划与建设 . 资质文摘，2：13.

黄国如，何泓杰 . 2011. 城市化对济南市汛期降雨特征的影响 . 自然灾害学报，20：7-12.

黄荣辉 . 2005. 大气科学概论 . 北京：气象出版社 .

贾宝全，张志强，张红旗，等 . 2002. 生态环境用水研究现状、问题分析与基本构架探索 .

生态学报，22（10）：1734-1740.
贾绍凤，张士 . 2003. 北京市水价上升的工业用水效应分析 . 水利学报，(4)：108-113.
建设部，国家经贸委，国家计委 . 1996. 关于印发《节水型城市目标导则》的通知 . 建城［1996］593 号 .
金菊良，魏一鸣，付强，等 . 2002. 层次分析法在水环境系统工程中的应用 . 水科学进展，13（4）：467-472.
李家科，李亚乔，李怀恩 . 2010. 地市地表径流污染负荷计算方法研究 . 水资源与水工程学报，21：5-13.
李若璞，赵林，李铁龙，等 . 2006 基于生态需水的生态用水配置浅析 . 生态经济，10：50-53.
李帅，徐广军 . 2006. 开放经济下的中国城市化二元经济模型 . 北京化工大学学报 . 33（5）：78-81.
李彦东 . 2007. 控制 ET 是海河流域水资源可持续利用的保障 . 海河水利，1：5-7.
李远华 . 1999. 节水灌溉理论与技术 . 武汉：武汉水利电力大学出版社 .
刘家宏，王建华，李海红，等 . 2013. 城市生活用水指标计算模型 . 水利学报，44：1158-1164.
刘俊，徐向阳 . 2001. 城市雨洪模型在天津市区排水分析计算中的应用 . 海河水利，1：9-11.
刘宁，王建华，赵建世 . 2010. 现代水资源系统解析与决策方法研究 . 北京：科学出版社 .
刘三超，张万昌，高懋芳，等 . 2007. 分布式水文模型结合遥感研究地表蒸散发 . 地理科学，27（3）：354-358.
刘武艺，邵东国，唐明 . 2007. 基于城市水生态系统健康的生态承载力理论探讨和评价研究 . 安全与环境学报，7：105-108.
刘贤赵，康绍忠，刘德林，等 . 2005. 基于地理信息的 SCS 模型及其在黄土高原小流域降雨–径流关系中的应用 . 农业工程学报，21（5）：93-97.
倪广恒，敬书珍 . 2008. 基于遥感的城市蒸散发对土地利用/覆盖的响应研究 . 2008 年全国城市水利研讨会暨工作年会资料论文集 .
潘娅英，陈文英，郑建飞 . 2007. 丽水市大气环境中的城市干、湿岛效应初探 . 干旱环境监测，21：210-215.
秦大庸，吕金燕，刘家宏，等 . 2008. 区域目标 ET 的理论与计算方法 . 科学通报，53：2384-2390.

任宪韶，等 . 2005. 海河流域生态环境恢复水资源保障规划 .

任玉芬，王效科，韩冰，等 . 2005. 城市不同下垫面的降雨径流污染 . 生态学报，25：3225-3230.

赛度・马克斯毛维克，约瑟・阿伯塔・特加大-古波特 . 2006. 城市水管理中的新思维：是僵局还是希望 . 陈吉宁译 . 北京：化学工业出版社 .

水利部海河水利委员会，中国水利水电科学研究院 . 2007. 海河流域水资源配置模型研究 .

孙秀敏 . 2010. 基于风险的南水北调东中线受水区城市需水量预测 . 北京：中国水利水电科学研究院硕士学位论文 .

王浩，陈敏健，唐克旺 . 2004. 水生态环境价值和保护对策 . 北京：清华大学出版社，北京交通大学出版社 .

王浩，汪党献，倪红珍，2004. 中国工业发展对水资源的需求 . 水利学报，(4)：109-113.

王浩，王建华，秦大庸 . 2004. 流域水资源合理配置的研究进展与发展方向 . 水科学进展，15（1）：123-128.

王沛芳，王超，冯骞，等 . 2003. 城市水生态系统建设模式研究进展 . 河海大学学报（自然科学版），31：485-489.

王启山，王秀艳，耿安峰 . 2007. 绿色住区环境规划指标研究 . 哈尔滨工业大学学报，39（12）：1984-1988.

王韶华，孟令刚，李智 . 2006. 北京市工业用水投入产出模型 . 水利水电科技进展，26（4）：34-36.

王为人，屠梅曾 . 2005. 基于层次分析法的流域水资源配置权重测算 . 同济大学学报（自然科学版），33（8）：1133-1166.

王喜全，王自发，齐彦斌，等 . 2007. 城市化与北京地区降水分布变化初探 . 气候与环境研究，12（4）：489-495.

王喜全，王自发，齐彦斌，等 . 2008. 城市化进程对北京地区冬季降水分布的影响 . 中国科学 D 辑：地球科学，38（11）：1438-1443.

翁建武，蒋艳灵，陈远生 . 2007. 北京市公共生活用水现状、问题及对策 . 中国给水排水，23（14）：77-82.

吴炳方，邵建华 . 2006. 遥感估算蒸腾蒸发量的时空度推演方法及应用 . 水利学报，37：286-292.

武夏宁，胡铁松，王修贵，等 . 2006. 区域正散发估算测定方法综述 . 农业工学报，22（10）：257-262.

徐光来，许有鹏，徐宏亮 . 2010. 城市华水文效应研究进展 . 自然资源学报，25（12）：2171-2177.

徐宗学 . 2009. 水文模型 . 北京：科学出版社 .

许有鹏，丁瑾佳，陈莹 . 2009. 长江三角洲地区城市化的水文效应研究 . 水利水运工程学报，4：67-73.

严智勇，尹民 . 2007. 黄河流域城市绿地生态需水时空特征分析 . 安全与环境工程，14（2）：35-39.

杨爱民，唐克旺，王浩，等 . 2004. 生态用水的基本理论与计算方法 . 水利学报，12：39-44.

杨士弘 . 1997. 城市生态环境学 . 北京：科学出版社 .

杨志峰，尹民，崔保山 . 2005. 城市生态环境需水量研究理论与方法 . 生态学报，25（3）：389-396.

姚宇 . 2007. 基于 GeoDatabase 的城市排水管网建模的应用研究 . 上海：同济大学硕士学位论文 .

詹道江 . 1989. 城市水文学 . 南京：河海大学出版社 .

张和喜，方小宇，方军 . 2007. 数据库技术在 FAO Penman-Monteith 公式中的应用 . 农业网络信息，（9）：155-159.

张杰，李冬 . 2010. 城市水系统健康循环理论与方略 . 哈尔滨工业大学学报，42（6）：849-855.

张景哲，刘继韩，周一星，等 . 1984. 北京城市热岛的几种类型 . 地理学报，39（4）：428-435.

张俊娥，陆垂裕，秦大勇，等 . 2011. 基于 MODCYCLE 分布式水文模型的区域产流规律 . 农业学报，27（4）：65-71.

张伟 . 2012. 基于 InfoWorks CS 模型的排水管道沉积规律研究 . 长沙：湖南大学硕士学位论文 .

张学勤，曹光杰 . 2005. 城市水环境质量问题与改善措施 . 城市问题，4：35-38.

赵炳祥，陈佐忠，胡林，等 . 2003. 草坪蒸散研究进展 . 生态学报，23（1）：148-157.

郑思轶，刘树华 . 2008. 北京城市化发展对温度、相对湿度和降水的影响 . 气候与环境研究，13（2）：123-132.

周建康，黄红虎，唐运忆，等 . 2003. 城市化对南京市区域降水量变化的影响 . 长江科学院院刊，20（4）：44-46.

周剑，程国栋，李新，等 . 2009. 应用遥感技术反演流域尺度的蒸散发 . 水利学报，40（6）：679-687.

周立群 . 2007. 创新、整合与协调——京津冀区域经济发展前沿报告 . 北京：经济科学出版社 .

周乃晟，贺宝根 . 1995. 城市水文学概论 . 上海：华东师范大学出版社 .

周淑贞 . 1988. 上海城市气候中的“五岛”效应 . 中国科学 B 辑，11：1226-1234.

周文华，张克锋，王如松 . 2006. 城市水生态足迹研究——以北京市为例 . 环境科学学报，26：1524-1531.

朱元甡，金光炎 . 1991. 城市水文学 . 北京：中国科学技术出版社 .

住房和城乡建设部 . 2014. 海绵城市建设指南 .

左其亭，马军霞，高传昌 . 2005. 城市水环境承载能力研究 . 水科学进展，16：103-108.

左其亭 . 2008. 人均生活用水量预测的区间 S 型模型 . 水利学报，39：351-354.

Allen R G，Pereira L S，Raes D，et al. 2000. Crop evapotrans-piration guidelines for computing crop water requirements. FAO.

Angela H，Thomas S. 2011. Urban and tourist land use patterns and water consumption：evidence from Mallorca，Balearic Islands. Land Use Policy，28：792-804.

Ben Khalifa Naouel，Tyteca Donatienne，Marinangeli Claudia，et al. 2011. Structural features of the KPI domain control APP dimerization，trafficking，and processing. The FASEB Journal，26.

Berthier E，Andrieu H，Creutin J D. 2004. The role of soil in the generation of urban runoff：development and evaluation of a 2D model. J. Hydrol，299：252-266.

Bottyan Z，Unger J. 2003. A multiple liner statistical model for estimating the mean maximum urban heat island. Theor Appl Climatol，75：233-243.

Brown KW，Rosenberg N J. 1973. A resistence model to predict evaportranspiration and its application to a suger beet field. Agronomy Journal，199-209.

Brown P J，Degaetano A T. 2013. Trends in U. S. Surface Humidity，1930 ~ 2010. Journal of Applied Meteorology and Climatology，52：147-163.

Brun S E，Band L E. 2000. Simulating runoff behavior in an urbanizing watershed. Computers，Environ and Urban Systems，1：6-8.

Campisano A，Creaco E，Modica C. 2004. Experimental and numerical analysis of the scouring effects of flushing waves on sediment deposits. J. Hydrol，299：324-334.

Champollion C，Drobinski P，Haeffelin M，et al. 2009. Water vapour variability induced by urban/rural surface heterogeneities during convective conditions. Quarterly Journal of the Royal Meteorological Society, 1266-1276.

Chan A LS. 2011. Developing a modified typical meteorological year weather file for Hong Kong taking into account the urban heat island effect. Building and Environment, 46: 2434-2441.

Changnon S A Jr. 1979. Rainfall changes in summer caused by St. Louis. Science, 205: 402-404.

Changnon S A Jr, Shealy R T, Scott R W. 1991. Precipitation changes in fall, winter, and spring caused by St. Louis. J Appl Meteorol, 30: 126-134.

Chebbo G, Gromaire M C. 2004. The experimental urban catchment "Le Marais" in Paris: what lessons can be learned from it. J Hydrol, 299: 312-323.

Daniel R. 2000. Suppression of rain and snow by urban and industrial air pollution. Science, 287: 1793-1796.

Davis J C. 2003. Evidence on the political economy of the urbanization process. Journal of Urban Economics, 98-125.

Dayaratne S T. 2000. Modelling of urban stormwater drainage systems using ILSAX. Australia: Victoria University of Technology: 2-9.

Durrans S R, Burian S J, Pitt R. 2004. Enhancement of precipitation data for small storm hydrologic prediction. J Hydrol, 299: 180-185.

Einfalt T, Nielsen K A, Golz C, et al. 2004. Towards a roadmap for use of radar rainfall data in urban drainage. J Hydrol, 299: 186-202.

Gedzelman S D, Austin S, Cermak R, et al. 2003. Mesoscale aspects of the Urban Heat Island around New York City. Theor Appl Climatol, 75: 29-42.

Givati A, Rosenfeld D. 2004. Quantifying precipitation suppression due to air pollution. J Appl Meteorol, 43: 1038-1056.

Gnecco I, Berretta C, Lanza L G, et al. 2005. Storm water pollution in the urban environment of Genoa, Italy. Atmos Res, 77: 60-73.

Göbel P, Stubbe H, Weinert M, et al. 2004. Near-natural stormwater management and its effects on the water budget and groundwater surface in urban areas taking account of the hydrogeological conditions. J Hydrol, 299: 267-283.

Hall M J. 1984. Urban Hydrology. London and New York: Elsevier Applied Science Publishers: 1-310.

Jauregui E, Romales E. 1996. Urban effects on convective precipitation in Mexico City. Atmos

Environ，30：3383-3389.

Katharine M W，Nathan P G，Philip D J，et al. 2007. Attribution of observed surface humidity changes to human influence. Nature，449：710-712.

Kattel G R，Elkadi H，Meikle H. 2013. Developing a complementary framework for urban ecology. Urban For Urban Gree，12：498-508.

Kimura F，Takahashi S. 1991. The effects of land use and anthropogenic heating on the surface temperature in the Tokyo metropolitan area：a numerical experiment. Atmos Environ，25B：155-164.

Lhomme J，Bouvier C，Perrin J L. 2004. Applying a GIS-based geomorphological routing model in urban catchments. J Hydrol，299：203-216.

Mark O，Weesakul S，Apirumanekul C，et al. 2004. Potential and limitations of 1D modelling of urban flooding. J Hydrol，299：284-299.

Marshall J. 2005. Megacity，mega mess. Nature Sept，15：312-314.

Mercedes V，Elena D，David S. 2011. Changing geographies of water-related consumption：residential swimming pools in suburban Barcelon. Area，43：67-75.

Nadir A E. 2011. Evolution of urban heat island in Khartoum. Int J Climatol，31：1377-1388.

Penman H L. 1948. Natural evaporation from openwater，bare soil，and grass. Mathematical and Physical Science，193：120-146.

Peter N，Denny M. 2012. The determinants of urban resource consumption. Environ and Behavior，44：107-135.

Quayce M. 1995. Urbna greenways and public ways：realizing public ideas in a fragmented world. Landscape and urban planning，33：1-30，461-475.

Rachelle M W，Rodney A S，Kriengsak P，et al. 2011. Quantifying the influence of environmental and water conservation attitudes on household end use water consumption. J Environ Manage，92：1996-2009.

Register R. 1987. Eeoeity Bekreley：Building Citiesofr A Healhtier Fuutre. CA：North Atlantic Books：13-43.

Rose S，Norman E P. 2001. Effects of urbanization on stream flow in the Atlanta area（Georgia，USA）：a comparative hydrological Approach. Hydrol Process，15：1141-1157.

Rosenfeld D. 2000. Suppression of rain and snow by urban and industrial air pollution. Science，287：1793-1796.

Shepherd J M, Pierce H, Negri A J. 2002. Rainfall modification by major urban areas: observation from spaceborne rain radar on the TRMM satellite. J Appl Meteorol, 41: 689-701.

Toshiaki I, Kazuhiro S. 1999. Impact of anthropogenic heat on urban climate in Tokyo. Atmos Environ, 33: 3897-3909.

Urbonas B, Guo J, Tucker L, et al. 1989. Sizing capture volume for stormwater quality enhancement. Flood Hazard News, 19: 1-9.

Valeo C, Ho C L I. 2004. Modelling urban snowmelt runoff. J Hydrol, 299: 237-251.

Vieux B E, Bedient P B. 2004. Assessing urban hydrologic prediction accuracy through event reconstruction. J Hydrol, 299: 217-236.

Vizintin G, Souvent P, VeseliG M, et al. 2009. Determination of urban groundwater pollution in alluvial aquifer using linked process models considering urban water cycle. J Hydrol, 377: 261-273.

Wang L, Wang W D, Gong Z G, et al. 2006. Integrated management of water and ecology in the urban area of Laoshan district, Qingdao, China. Ecol Eng, 27: 79-83.

Williams D G, Cable W, Hultine K, et al. 2004. Evapotranspiration components determined by stable isotope, sap flow and eddy convariance techniquest. Agricultural and Forest Meteorology, 125: 241-258.

Xu P, Valette F, Brissaud F, et al. 2001. Technical- economic modelling of integrated water management: wastewater resue in a french model. Wat Sci Tech, 43 (10): 67-74.

Zhang H. 2001. Nine dragons, one river: the role of institutions in developing water pricing policy in Beijing. PRC, 3 * 3 Beijing Tianjin Water Resources Management Projects Report. http: // www. chs. ubc. ca \ china \ default. htm.

Zheng Y, Lin Z, Li H, et al. 2014. Assessing the polycyclic aromatic hydrocarbon (PAH) pollution of urban stormwater runoff: a dynamic modeling approach. Sci Total Environ, 481: 554-563.

索　引